探索空間科學世界
引領空間應用發展
實現科技強國之梦

白春禮 題

DREAM
PARADISE

筑梦天宫

从万户飞天到中国空间站

中国科学院空间应用工程与技术中心
新华社对外部中国特稿社 ◎ 编著

科学出版社

北 京

编委会

序

　　探索太空是人类自古以来就怀有的梦想，从中国明朝利用火药燃烧推进火箭飞向太空的万户飞天尝试，到第二次世界大战时德国利用乙醇和液氧推进的 V-2 导弹首次摆脱地心引力，再到美国成功实现的举世瞩目的人类登陆月球，人类矢志不渝地进行着太空探索。随着航天技术的持续、迅猛发展，人类太空探索的梦想已触手可及。

　　新中国的航天事业自 1956 年开始。1970 年 4 月，东方红一号人造卫星的成功发射标志着中国航天时代的启动。1992 年 9 月，中国的载人航天工程正式起步，确定了三步走的发展战略。第一步，发射载人飞船，建成初步配套的试验性载人飞船工程，开展空间应用实验。第二步，突破载人飞船和空间飞行器的交会对接技术，发射一个空间实验室，解决有一定规模的、短期有人照料的空间应用问题。第三步，建造载人空间站，解决有较大规模的、长期有人照料的空间应用问题。

　　由 1999 年 11 月第一艘无人实验飞船神舟一号在酒泉卫星发射基地顺利升空，到 2003 年 10 月第一艘载人飞船神舟五号和首位航天员杨利伟成功进入太空，再到 2011 年 9 月首个空间实验室天宫一号应用任务顺利实施，中国的载人航天走出了一条自力更生、科学规划、稳步发展的道路。

　　20 余年来，载人航天充分利用神舟系列飞船及天宫一号目标飞行器，开展了近 50 项空间科学研究，研制了 500 余台（套）有效载荷，圆满完成了历次飞行试验任务。在空间生命科学与生物技术、微重力流体和燃烧科学、空间材料科学、微重力基础物理、空间天文、空间物理与空间环境、空间地球科学与应用以及空间应用新技术试验等方面取得了一批具有重要价值的科学与应用成果，产生了显著的社会效益。

2016 年 9 月 15 日，天宫二号空间实验室从酒泉卫星发射中心顺利升空。它是中国第一个真正意义上的空间实验室，将支持在轨开展 14 项空间科学与应用任务，包括全球第一台空间冷原子钟实验、开辟天文观测新窗口的伽马暴偏振探测、新一代对地遥感器地球观测等体现世界科学前沿和战略高技术发展的空间科学实验，同时开展航天员在轨中期驻留、在轨推进剂补加、机械臂在轨维修操作等未来空间站关键技术的试验验证。

本书以未来中国空间站为着眼目标，以天宫二号空间实验室为重点，采用拟人生动的手绘图片、令人震撼的摄影照片、浅显易懂的文字相结合的方式，翔实地描述了天宫二号将开展的若干项科学意义重大的科学实验，向广大读者立体呈现了空间科学实验的无穷魅力。对中国空间站将开展的大规模空间科学与应用任务进行了想象和展望。同时，以中国科学院天体物理学家张双南研究员、量子物理学家刘亮研究员、清华大学生命科学家纪家葵教授、中国科学院有效载荷运控专家郭丽丽研究员等开展空间研究与应用的科学家为代表，刻画了我国从事空间研究的科学家们不断追求卓越、勇于创新超越的科学精神。

本书由中国科学院空间应用工程与技术中心提供空间任务和空间科学实验的基础资料并联系安排了对实验科学家的现场采访，空间应用有效载荷的承研单位和科学家们给予了有力支持，新华社特稿社知名记者执笔，科学出版社科学人文分社对本书的内容和编辑工作给予了大力帮助，在此表示衷心的感谢。

高铭

二〇一六年九月

中国科学院空间应用工程与技术中心主任
中国载人航天工程空间应用系统总指挥

目　录

宇宙那么大，我想去看看

  当人类探寻的目光从地球投向茫茫太空，会发现在那漆黑的虚空之中有无数的星星点点在闪烁。那里也许存在着第二个地球，上面也会有生命，甚至是和我们人类相似的智慧生命。好奇之心驱使着我们去探索，去发现茫茫宇宙中的这些秘密。

我们在宇宙中是孤独的吗

当人类发现地球只是一个围绕太阳旋转的行星，而宇宙中有数不清的恒星和各自的行星，便自然而然地有了这个问题：地球是这个宇宙中唯一有生命的天体吗？生命到底是什么，一定得是和地球上一样的碳基生命吗？如果存在地外生命，我们怎么才能找到他们？

生命的基本要素

不少大科学家都认为，地球不可能是唯一的有生命的星体，生命存在的形式多种多样。英国著名物理学家史蒂芬·霍金就认为，外星生命存在于宇宙的许多地方，可以存活在行星或恒星上，甚至飘浮在行星间的广阔空间中。道理很简单，宇宙有大约 1000 亿个星系，每个星系都包含了无数颗恒星和行星。如果认为地球是广袤宇宙中唯一有生命的星体，就好像认为一大片田野里只长出一株庄稼一样。

图 1-1　孤独的地球
地球是一大片田野中唯一的庄稼吗？

　　地球在形成之后，地表经过了剧烈的地理变迁，滚滚岩浆奔流不息。之后，随着地表温度下降并冷却，地球内部的气体跑了出来，变成雨水降到地面。这一场伴随着电闪雷鸣的"洪荒之雨"下了不知道多久，地球的海洋从此诞生，里面充满了各种伴随着闪电和宇宙射线照射之下产生的有机质，就像一大锅含有氨基酸、核苷酸等分子的浓汤一样。

　　在具备了适宜生命存在的环境和构成生命的有机质之后，地球仍然等待了相当长的时间才诞生了最简单的单细胞生物，再演化成现在的原核生物界、原生生物界、真菌界、植物界和动物界以及各自的门纲目科属种。其中很多关键的演化节点依然是偶然因素触发的。同样，对地外生命的演化，人类也无法做出确切的描述，只能是给出一些生命生存的必要条件。根据这些条件，天文学家通过各种手段观测到了天体的各种物理数据，从而筛选出了具备这些必要条件的星体。

　　经典生物学对生命的定义是，在自然条件下，通过化学反应生成的具有生存能力和繁殖能力的有生命的物体以及由它（或它们）通过繁殖产生的有生命的后代，能够对外界的刺激做出反应。

　　在传统观念中，生命的组成离不开碳元素。由于碳的化学特性和在地球上的广泛存在，其成为地球上一切有机体和生命的基本"骨架"。以碳元素为基础，氢、氧、氮、磷等元素构成了生命的基本单元，比如能量交换、遗传信息、繁殖复制等系统。如果以碳基生命为标准，那么如果某个星体有生命存在，就必然要满足和地球类似的条件了，以维持碳基生命的生存环境。科学家们总结出了恒星系和行星的两类条件：

　　首先，恒星以及恒星系要具有安全的宇宙环境。比如，恒星有稳定的聚变活动，提供稳定的光照，不会频频发出致命的高能射线。恒星系内的各大行星轨道稳定，互不干扰碰撞，小行星和陨石也不能长期地频繁撞击行星。否则，碳基生命很难在来自外太空的射线、陨石袭击下生存和进化。

　　在满足第一个条件后，行星的自转与公转周期适中、行星的体积和质量适中、与恒星的距离适中，可以确保行星表面适宜的温度、水多以液态存在、有适宜呼吸的大气等条件。这样，生命有了适宜的环境（水、大气等），才有可能长期生存和进化。

　　有了上述基本条件，天文学家就可以通过观测各个星系筛选掉不符合的星系，比如经常爆发高能射线的恒星、行星公转轨道飘忽、小行星频频撞击行星等。人类制造的空间站就是观测天体的重要平台之一，上面可以搭载各种观测仪器，包括可见光和不可见的其他波段，观测某个恒星系的行星轨道、恒星与行星的质量、行星化学元素组成、行星大气成分、行星表面温度和地质活动等。

仅仅用以上的标准就能筛去大部分人类现在已经能观测到的天体了。天体物理学家计算后推测，大约有 10% 的星系都支持生命系统的存在。

最新的天文学观测项目甚至可以通过互联网让普通人也加入寻找地外生命的努力之中。2015 年，俄罗斯科学慈善家尤里·米尔纳联合了史蒂芬·霍金等著名科学家，启动了耗资 1 亿美元的"突破监听"计划，利用互联网云计算探测地外生命。在这个计划中，全球各地的科学家和感兴趣的普通民众，可以利用计划中的开放平台软件分析天文望远镜探测到的宇宙的海量数据，从而加快寻找地外生命的步伐。

同时，他们还启动了耗资 100 万美元的"突破信息"计划，向外星智慧生命发出文明信号。这个计划主要是为了设计出能够代表地球、地球生命和人类的文明信息，并且能够被潜在的地外智慧生命所理解。同时，这个计划还希望能够激发起人类对如何与外星智慧生命交往的讨论。

当然，如果真的有"外星人"存在，并且能够和他们建立通信联系，那么怎样与之打交道的确是一个关乎人类未来的重要问题了。正如中国著名科幻小说《三体》所描述的那样，如果接收到人类信息的外星人的文明程度远远高于人类，那么地球将要面临的到底是和平还是战争呢？不少科幻电影，如《独立日》《明日边缘》《遗落战境》，都对此进行了预言。

生命必须要由碳元素构成吗？

随着科学的进步，我们对生命的认识也在进步和发展。在科幻小说中，位于元素周期表中碳元素下方的硅元素常常被寄予厚望，成为"硅基生命"的骨架。虽然现在还没有发现真正的硅基生命，但对于碳基生命的另一个不可或缺的元素——磷，却已经发现了其替代品——砷。

2010 年，美国国家航空航天局（NASA）资助的一个科研项目发现，在极

图 1-2 星球洗澡
行星所处的环境差别很大，有的太冷，有的太热，只有地球上的温度刚刚好

端环境下，少数微生物能够利用砷取代磷在生命体中的所有功能。这是人类首次证实了组成生命必需的元素可以被替代，也说明了以碳、氢、氧、氮、磷之外的元素组成"生命"是有可能的。

2012 年，英国格拉斯哥大学的科学家更是"制造"出了具有某些细胞活动功能的含金属的大分子"泡沫"。这种包含钨、氧和磷的大分子金属氧酸盐物质形成的泡沫，可以有选择性地让化学物质进出，并完成光合作用的初始步骤。虽然这离严格意义上的生命体还差得很远，但足以让人浮想联翩了。

由于地球的环境和所含化学元素的分布特点，我们传统意义上对生命的定义只是狭义的，对地外生命的探索条件也是狭义的。随着科学的进步，特别是对极端环境下生命体的研究，我们对生命的定义和生存条件将会大大拓宽。

到那时候，探寻地外生命的条件将更加宽泛。在离恒星更近的行星上，可能会在上千摄氏度的液态金属中存在生命体。在离恒星更远的低温气态行星中，也可能会有低温下靠甲烷生存的"细菌"……也许当初淘汰的 90% 的星系会给我们不小的惊喜。

寻找第二个地球

地球在宇宙中是如此的脆弱和渺小，小行星、彗星等各种天体撞击地球的危险一直存在，太阳也终有一天会衰老死去，地球上的能源也总有不够用的那一天。人类文明要想繁衍下去，必须离开地球。

离开地球后去哪里

首先要解决的就是，我们离开地球后要去哪里。根据人类航天科技发展的阶段和人类在地球上面临的危机程度，可以把我们的目标划分为地球轨道太空城、月球或火星殖民地、其他星系的宜居行星——第二个地球。

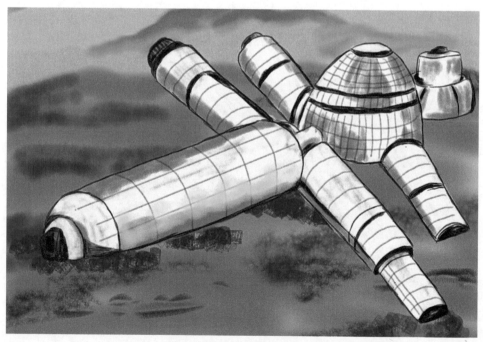

图 1-3　火星基地
人类的火星基地很有可能是这副模样

第一个阶段是地球轨道太空城，这是近期内人类航天科技水平可以达到的阶段。以现有的空间站制造和运营技术，逐渐扩大规模、增加生活空间和生命循环系统容量等，太空城并非不可实现。据美国 2014 年进行的一项太空探索研究显示，人类现在无法建造太空城的主要原因不是科技水平不够，而是政治、财力和国民认知层面的阻碍。

第二个阶段是月球或火星殖民地。2015 年上映的科幻电影《火星救援》生动地描述了火星小型殖民地的场景。火星、月球的确是人类建设地外殖民地的首选，这两个星球离地球最近，人类的航天器多次造访并着陆，不少国家对在火星和月球上建立太空基地进行了研究。2011 年中国志愿者还参加了人类首次全面模拟载人火星探测的试验。虽然几十年之内人类的航天运载能力还不足以实现大规模的对火星和月球殖民，但只要有迫切的需求，航天科学家们经过几十年至上百年的时间的努力，还是有希望实现这个目标的。

第三个阶段是寻找其他星系的宜居行星，也就是第二个地球。这个阶段是最复杂，也是最难实现的。

第二个地球

首先，人类必须寻找到适合自己居住的行星。和寻找适合生命存在的星球不同，适宜人类居住的条件更加苛刻。以地球的环境作为参照，第二个地球必须具备和地球相差不大的温度、光照、气候、大气成分等环境。如果上述条件达不到，人类也许可以建立小型的基地，但大规模殖民是很难做到的。

为了寻找这样的行星，我们可以使用上面提到的寻找地外生命的方法，只不过标准更加严格。为了达到和地球相差不大的标准，恒星系和里面的目标行星必须具备一定的天文学特征，包括近圆形的行星轨道、位于恒星的宜居带、行星化学元素组成和地球类似、行星大气不能含有太多有毒气体、行星表面温度不能太高也不能太低、地质活动不能太频繁等。

有了这些标准，前面提到的可能存在生命的 10% 星系中，又有大部分将被淘汰掉，满足条件的行星可谓是"亿里挑一"。美国国家航空航天局（NASA）的开普勒太空望远镜已经发现了十多个位于宜居带内、直径为地球的 1～2 倍的行星。其中，2015 年新发现的开普勒 452b 这个类地行星距离地球 1400 光年，绕着一颗与太阳非常相似的恒星运行。它的直径是地球的 1.6 倍，公转一圈是 385 天。开普勒 452b 到恒星的距离，约等于地球到太阳的距离。

最新的发现来自 2016 年。欧洲南方天文台的科学家发现，有一颗类地行星（编号比邻星 b）围绕着离太阳最近的恒星——半人马座比邻星转动。比邻星 b 每 11 天就绕着它那颗寒冷的红色母星比邻星公转一圈，表面温度也适合液态水存在。这颗岩石星球只比地球略重一点儿，也许是距离我们最近的有生命存在的行星了。

其次，是对精心挑选出来的候选"第二地球"进行探测，确定是否真的适合人类移民。毕竟对于动辄数百甚至上千光年航程的星际远航而言，选择错误的目标是人类无法承受的失误。

探测这些候选者可以分为近地轨道探测和深空探测。比较容易实现的是近地轨道探测，即利用近地球轨道上的探测设备对第二地球进行探测。但是这种探测距离遥远，由于技术上的限制，很多关键数据无法获得或者无法确保精确。于是，发射星际航行器到第二地球附近进行深空探测就成了必要的补充。

人类现在的航天技术手段还无法实现光速或者亚光速，因此对遥远的第二地球进行深空探测必须另辟蹊径。启动了"突破监听"和"突破信息"计划的俄罗斯科学慈善家尤里·米尔纳，推出了"突破摄星"计划。这个预算为 1 亿美元的计划提出，研发基于单个芯片、质量不足 1 克的"纳米探测器"，并配备轻质光帆，可以通过地球上的高能激光阵列将其速度提升到光速的 20% 以上。这样，人类可以探测距离地球最近的半人马座阿尔法星或者比邻星。

如果该计划成功实现，"纳米探测器"将在发射后大约 20 年到达半人马座阿尔法星的宜居带，将用其携带的摄像设备捕捉行星的科学数据，将其传回地球。这一项目引起了公众的广泛关注，"脸书"创始人、亿万富翁扎克伯格也参与其中。受此启发，NASA 创新先进概念研究已开始支持类似项目，研究如何在很短时间内将微型探测器推进到 0.1 倍光速或更快。

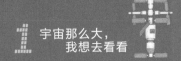
星际旅行和移民

有了类似的探测技术，加上不错的运气，人类也许能够确认"第二地球"，并找出具体的方位和距离。那么，接下来最激动人心、最艰难的最后一步，就是实现大规模星际移民了。

大规模星际移民，从字面上就看得出，有三个特点。一是规模大，参与移民的人数不能太少。如果那时候的地球已经人满为患，那么星际移民的目的之一就是分散人口，移民自然是多多益善。抵达第二地球后，在生态系统可以支持的前提下，移民人口自然也是多多益善，这样可以快速地建设和发展殖民地，并有利于抵御自然灾害。

图 1-4 寻找第二个地球

二是要长久的移民，而非小规模的探索或者逗留。为了能熬过漫长的星际旅程并在第二地球扎下根来，那么踏上星际旅程的就不能只有人类，还要有和人类在外太空以及第二地球生存相伴的各种植物，采集和储存能源、水、空气的设备，住所修建设备等。整个过程就好像把原来人类在地球的生存小环境复制到第二地球一样，以保证殖民者的生存和繁衍。

三是跨越星际的超长距离宇宙航行，这并非登月、登陆火星那么简单了。为了达到这一要求，运输飞船必然要对此进行专门设计。船体构造、能源动力、生态循环系统等，都提出了更高、更难的要求。比如，动力就不能采用传统的化学动力，而要采用核动力或者能量密度更高的动力。

到了这一步，人类应该具备大型太空城的设计和制造能力了。从地球上建造并发射星际移民飞船是不可能的，除非人类发明了类似于反重力推进器这样的"黑科技"。和太空城一样，星际移民飞船会在地球近地轨道上进行制造和组装，而零件和原料则由可以反复使用的航天飞行器从地球的工厂运到近地轨道。

一个进入航行阶段的星际移民飞船就像一个自成一体的小小地球一样。很多科幻电影和科幻动画都对此进行了设想，比如《星际迷航》和《超时空要塞》。人类在漫长、孤独的星际航行中，同时面临着生理和心理上的考验。如果航行时间在十年以内，那么可以采用类似太空城的生活方式。现在已经有科学家对此进行了研究，比如，如何供应食物、水和呼吸的空气，如何预防和控制狭小空间内暴发传染病，如何调节和避免航行中的心理问题，等等。

如果航行时间长达好几十年甚至上百年，那么常规的生活方式意味着大量的能量消耗和飞船小社会的许多不确定因素，必然会让飞船不堪重负。一些科学家另辟蹊径，研究通过人类冬眠、储存人类受精卵等方式，让航行中消耗的能量和社会运行风险降到最低。等抵达目的地后，再唤醒移民，或者提前一二十年开始发育人类受精卵，满足抵达后的人口需求。

7

离开地球

地球是我们的摇篮，但迟早有一天我们要离开地球，奔向星辰大海。人类已经可以借助各种航天科技手段离开地球进入太空了，甚至在太空中修建太空站，让宇航员在里面生活和工作。

人类进入宇航时代

火箭先驱

最早的火箭出现在古代中国。早在 12 世纪的南宋时期，出于军事和娱乐的需要，人们利用火药燃烧产生的反冲力作为推进动力制作爆竹和烟火，其原理已经接近现代火箭的飞行原理。到了 13 世纪，中国、印度和阿拉伯国家都使用过火箭，之后火箭传入欧洲。这个时期的火箭通常用纸卷成药筒并装上火药，绑在细长的箭杆上，靠点燃药筒引线喷出气体发射。

利用火箭飞向天空的努力最早始于中国明朝的万户（本名陶成道）飞天。陶成道在椅子后方绑上了 47 个自制的火箭，双手举着两只大风筝坐在上面，想利用火箭的推力和风筝的升力飞起来。点火后火箭不幸爆炸，他也为此献出了生命。

图 2-1 古代火箭
中国古代就已经将火箭
用于军事等用途

人类想摆脱地球引力进入太空，必须满足一定的速度要求。假如有人在山顶把一个石头用力扔向远方，石头的初始速度越快，飞出的抛物线就越远。速度超过某个限度后，石头飞行的抛物线就会无限延伸，和地面平行，这个石头也就成了环绕地球飞行的一个小卫星。这个石头达到环绕地球所需的最小速度被称为第一宇宙速度。利用物理学原理，可以计算出第一宇宙速度是7.9千米/秒。

同样，人类航天器脱离地球和飞出太阳系所需要的最小速度，分别称为第二宇宙速度（11.2千米/秒）和第三宇宙速度（16.7千米/秒）。和它们相比，我们日常生活中的汽车（30米/秒）、高铁（100米/秒）、飞机（300米/秒）的速度可以算是龟速了。以我们现有的科技水平，火箭是唯一能够突破第一宇宙速度，进入大气层外的人造航天器。

现代火箭的飞行原理，就是利用动量守恒等物理原理，用燃料和氧化剂在燃烧室中燃烧，产生的热气流高速向后喷出，利用产生的反作用力驱动箭体向前运动。因为整个过程不需要空气的参与，因此可以在没有空气的太空飞行。

图 2-2　第一宇宙速度
炮弹如果达到第一宇宙速度，也能变成卫星，绕着地球转

现代航天学和火箭理论的奠基人，俄罗斯人康斯坦丁·齐奥尔科夫斯基在1903年发表了世界上第一部喷气运动理论著作《利用喷气工具研究宇宙空间》。书中提出了液体推进剂火箭的原理图，并利用牛顿第三定律和能量守恒定律，推导出了著名的火箭在发动机工作期间获得速度增量的公式。

$$V=v_0\ln\frac{m_0}{m_k}$$

式中，V 为速度增量，v_0 为喷流相对火箭的速度，m_0 和 m_k 分别为发动机工作开始和结束时的火箭质量。通过这个抽象的公式，我们可以清楚地看到，在不考虑空气动力和地球引力的理想情况下，火箭的速度与火箭发动机的喷气速度成正比；火箭自身的结构质量越小，火箭所获得的速度越高。

在对火箭的运动理论进行了一番研究之后，齐奥尔科夫斯基又开始对星际航行问题进行了研究和展望。他在1911年发表的论文中详细地描述了载人宇宙飞船从发射到进入轨道的全过程，内容涉及飞船起飞时的壮观景象、超重和失重对航天员的影响、失重状态下物体的表现、不同高度看地球的迷人景观、太空的景色等。

齐奥尔科夫斯基有一句名言："地球是人类的摇篮，但人类不可能永远被束缚在摇篮里。"在他的影响下，当时一批航天爱好者走上了探索宇宙的道路。

将齐奥尔科夫斯基的理论付诸实践的，是被称为"现代火箭技术之父"的美国工程师和发明家罗伯特·戈达德。1909年，戈达德开始进行火箭动力学研究，并在三年后正式证明了火箭可以在真空中飞行。他在1919年发表了《到达极大高度的方法》的论文，提出火箭必须具有7.9千米/秒的速度（即第一宇宙速度）才能克服地球的引力。1921年12月，戈达德完成了第一台液体火箭发动机的研制。1926年3月，他进行了世界上第一枚液体火箭的发射试验。1929年7月29日，戈达德成功发射了人类第一枚带有气压计、温度计和照相机的液体探空火箭。

在戈达德研究液体火箭时，被称为"欧洲火箭之父"的赫尔曼·奥伯特出版了宇宙航行学的经典著作《飞向行星际空间的火箭》，用数学方法阐明了火箭应该如何获得脱离地球引力的速度，并提出了许多关于火箭结构和飞行的新观念。1929 年，他还设计了名为"雏形喷管"的小型液体推进剂火箭。第二次世界大战时，他的研究成果成为了德国 V-2 火箭的理论框架。

康斯坦丁·齐奥尔科夫斯基、罗伯特·戈达德和赫尔曼·奥伯特三人为现代火箭的发明和制造做出了伟大贡献，被视为现代航天学的先驱和奠基人。

德国火箭和美苏太空竞赛

现代意义上的火箭出现于第二次世界大战时期的德国。20 世纪 30 年代，各国自发组织起来的火箭爱好团体在初期都遇到了资金困难。德国和苏联两个国家的青年火箭研究者得到了国家的资金支持，其中德国对火箭的军事潜力寄予了希望，将设计工作交给了当时的年轻专家冯·布劳恩。

布劳恩领导的火箭设计研究小组设计的第一代液体火箭 A-1 因结构不合理而失败。但 A-1 的改进型 A-2 却于 1932 年 12 月试射成功，飞行高度达到 3 千米。1935 年开始研制第二代火箭 A-3，重 750 千克，推力达 14 700 牛顿。1936 年 4 月，德国陆军增加拨款发展火箭技术，同时研制 V-1 飞航式导弹和 V-2 弹道导弹。

V-2 导弹于 1942 年 10 月 3 日首次发射成功，飞行 180 千米。它是历史上的第一枚弹道导弹，采用单级火箭推进，推进剂为乙醇和液氧，全长 14 米，重 13 吨，直径 1.65 米，最大射程 320 千米，射高 96 千米，弹头载荷 1 吨。V-2 在工程上实现了 20 世纪初航天先驱的技术构想，设计虽然不完善，但它却是人类拥有的第一件摆脱地心引力的工具，成为航天发展史上的里程碑之一。

1945 年德国投降前夕，冯·布劳恩和 400 余名火箭专家向美军投降，成为美国火箭技术和空间技术的奠基人之一。他领导的研究团队研制出了"红石""丘比特""潘兴"导弹。此外，他还是美国研制第一颗人造卫星的关键人物，主持了"阿波罗"登月计划，完成了美国航天飞机的初步设计。

苏联也缴获了大量 V-2 的成品和部件，并俘虏了一些火箭专家。以此为起点，苏联开始了自己的火箭和空间计划。1957 年 10 月 4 日，世界上第一颗人造卫星"Sputnik1 号"在苏联拜科努尔基地由一枚 R-7 洲际导弹改装的运载火箭发射升空，正式开启了现代人类的宇航时代，苏联和美国也开始了太空竞赛。

1958年1月31日，美国使用"丘诺Ⅰ"火箭发射了本国第一颗人造卫星"探险者1号"。1961年4月12日，苏联宇航员尤里·加加林乘坐"东方1号"飞船升空，进行了1小时48分钟的飞行，成为第一个飞出地球的人类。1965年，苏联、美国双方分别实现了太空行走。1969年7月16日，一枚"土星Ⅴ"火箭从美国卡纳维拉尔角发射台起飞，运载三名美国宇航员成功执行了人类首次登陆月球的任务。

美苏太空竞赛虽然主要出于政治与意识形态竞争的考虑，但客观上促成了航天技术的突飞猛进，特别是大推力火箭的发展，并为人类探索宇宙提供了实现的手段和技术储备。人类进入太空探索宇宙已经不再是梦想。

太空中来了中国人

新中国的航天事业始于 1956 年。那一年的 2 月，被称为"中国火箭之父"的钱学森向中央提出了《建立中国国防航空工业的意见》。3 月，国务院制定了《1956—1967 年科学技术发展远景规划纲要（草案）》，其中提出要在 12 年内使中国喷气和火箭技术走上独立发展的道路。4 月，航天工业委员会成立。10 月 8 日，钱学森受命组建了我国第一个火箭、导弹研究机构——国防部第五研究院，即现在的运载火箭研究院。

有了国家层面政策规划的指导以及相关机构的具体执行，中国航天事业开始快速发展。1960 年 2 月 19 日，中国自行设计制造的试验型液体燃料探空火箭首次发射成功。1970 年 4 月 24 日，东方红一号人造卫星由中国自己研制的长征一号运载火箭发射成功。

在东方红一号上天之后，恰逢苏联和美国在载人航天领域竞争最厉害、投入最多的时候。时任国防部第五研究院院长的钱学森就提出，中国要发展载人航天，并将飞船命名为"曙光一号"。然而，在开展了一段时间的工作以后，科学家们认为我国在项目人才、管理经验、工业基础和综合国力等方面的实力还不足以开展载人航天，这个项目就被搁置下来了。

1975 年，我国成功地发射并回收了第一颗返回式卫星，使我国成为世界上继美国和苏联之后第三个掌握卫星回收技术的国家，为载人航天技术的研究打下了坚实的基础。

为什么卫星回收与载人航天有关呢？因为载人航天一般有两条路径，一条路径是宇宙飞船作为载人航天器，苏联走的就是这条路，具有技术上容易突破、研制费用较少、研制周期较短的优点；美国采用的是另一条路径——用可以重复使用的航天飞机，这对当时的我国而言投入大、风险大、技术难度也很大。因此，掌握了卫星回收技术后，我国就可以选择发射与返回方式与之非常相似的宇宙飞船作为突破方向，发展载人航天。

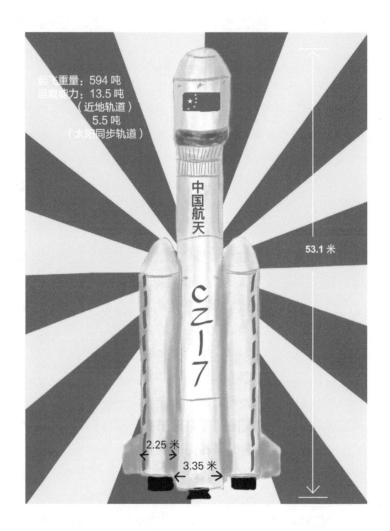

起飞重量：594 吨
运载能力：13.5 吨
　　　　（近地轨道）
　　　　5.5 吨
　　（太阳同步轨道）

中国航天

CZ-7

53.1 米

2.25 米

3.35 米

图 2-3　中国最新火箭
中国运载火箭技术取得
了巨大进步，图为长征
七号运载火箭

　　20 世纪 80 年代以后，随着综合国力的上升和科技、工业等方面的进步，我国空间技术相比 70 年代取得了较大发展，已经具备了返回式卫星、遥感卫星、通信卫星等各种应用型卫星的研制能力。特别是返回式卫星已经研制了十几颗，具有丰富的工程经验。

　　另外，经过几十年的发展，中国的大推力运载火箭取得了巨大进步。1984 年 4 月 8 日，中国第一颗地球静止轨道试验通信卫星东方红二号发射成功，我国成为世界上第三个使用低温燃料发动机和第二个掌握发动机高空二次点火技术的国家，火箭技术达到了世界先进水平。1990 年 7 月 16 日，中国新研制的大推力运载火箭——长征二号捆绑式运载火箭在西昌卫星发射中心发射成功。这都为载人航天打下了坚实的基础。

经过多年的反复论证后，1992 年 9 月 21 日，中国政府批准载人航天工程正式上马，并确定了"三步走"的发展战略。第一步，发射载人飞船，建成初步配套的试验性载人飞船工程，开展空间应用实验。第二步，在第一艘载人飞船发射成功后，突破载人飞船和空间飞行器的交会对接技术，并利用载人飞船技术改装、发射一个空间实验室，解决有一定规模的、短期有人照料的空间应用问题。第三步，建造载人空间站，解决有较大规模的、长期有人照料的空间应用问题。

1999 年 11 月 20 日，载人航天工程发射的第一艘无人实验飞船神舟一号飞船在酒泉卫星发射基地顺利升空，经过 21 小时的飞行后顺利返回地面。2001 年 1 月 16 日，第一艘正样无人飞船神舟二号发射成功并顺利返回地面。这次发射完全是按照载人飞船的环境和条件进行的，宇航员的生命保障设备基本上都采用了真实部件。2002 年 3 月和 12 月，神舟三号和神舟四号分别试验成功。

2003 年 10 月 15 日，中国第一艘载人飞船神舟五号和首位航天员杨利伟成功进入太空。这标志着中国成为世界上继俄罗斯和美国之后第三个独立开展载人航天活动的国家。10 月 16 日，杨利伟安全返回地面，这也意味着"三步走"战略的第一步已经完成了。

随后，神舟六号于 2005 年 10 月 12 日将航天员费俊龙和聂海胜送上太空，首次实现多人、多天飞行。2008 年 9 月 25 日，神舟七号将翟志刚、刘伯明、景海鹏三名航天员送入太空，实现了中国人的第一次太空漫步。

2011 年 9 月 29 日，中国首个目标飞行器和空间实验室天宫一号发射成功。它的成功发射是中国空间站的起点，标志着中国已拥有建立短期无人照料空间站的能力。

2011 年 11 月 1 日，无人飞船神舟八号进入太空，并与天宫一号成功对接。随后，天宫一号先后和神舟九号、神舟十号实现自动交会对接和手动交会对接，预定任务目标全部实现。这标志着"三步走"战略的第二步任务的第一阶段顺利收官。

中国于 2016 年 9 月 15 日发射了天宫二号，10 月 17 日发射了神舟十一号飞船，将于 2017 年发射天舟一号货运飞船，完成中国载人航天工程的第二步，并计划最终于 2022 年前后建成空间站。

空间站——太空生活第一步

空间站是一种能在绕地球轨道上长期运行、具有一定科技试验能力或生产能力的可供人居住的航天器。从发展程度方面来看，可以分为试验性空间站、简易空间站和永久性载人空间站。

苏联在 20 世纪 70 年代将其载人航天的重点调整为建造载人空间站，并于1971 年 4 月 19 日发射了世界上第一个空间站礼炮 1 号。从那时起，以苏联和美国为主的各国都开始独立建造或者合作建造空间站。迄今，人类一共制造和发射了包括礼炮系列、和平号和国际空间站在内的多个空间站。

礼炮系列

苏联于 1971 年 4 月 19 日发射了世界上第一个空间站礼炮 1 号，之后又陆续发射了 6 个礼炮号空间站。从它们的发展又可以分为试验型和简易型两代。第一代有五个，即礼炮 1 ～ 5 号空间站；第二代有两个，为礼炮 6 ～ 7 号空间站。

第二代礼炮号空间站增加了一个对接装置，保障进步号货运飞船能够及时地补给。发动机系统和推进剂供应系统也作了重大的改进，具备了定期向动力装置的推进剂箱补给推进剂的能力。

值得一提的是，礼炮 7 号空间站于 1982 年 4 月 19 日发射入轨道，在轨道共运行了 3214 天。苏联第二名女航天员萨维茨卡娅两次登上这个空间站，并在 1984 年进行了空间行走，成为世界上第一个空间行走的女航天员。通过研制及运营礼炮系列空间站，苏联积累了相当丰富的载人航天经验，研制多模块大型轨道空间站的时机已经成熟。

和平号

和平号空间站属于第三代空间站，1986 年 2 月 19 日进入轨道。其各舱段的设计寿命为 6 年，总质量达 120 吨。和平号是礼炮号的改进型，其规模并不太大，与礼炮号相仿。但它具有六个对接口，可以与多个舱体在空间实施模块式对接，可以多次重复组合形成大型空间站体系，各舱体相互独立，很容易按需扩展对接上各种科研、资源、载人生活和货运飞船，使得空间站体系的功能和规模均有较大改善和提高。

和平号空间站有 5 个试验舱，分别是量子 1 号天文物理舱、量子 2 号径向扩展舱、晶体号径向扩展舱、光学舱和环境监测舱。它们具有天文观测、天体物理实验、地球资源探测、大气物理研究、部署小卫星、材料学、生命科学和生物技术研究等功能。

在年久失修的情况下，和平号于 2001 年 3 月 23 日成功坠毁于南太平洋指定海域。和平号空间站发射以来，科学家用它进行了内容广泛、成果丰硕的空间科学和技术试验，其中包括为建造国际空间站做的准备工作。

国际空间站

国际空间站的设想是 1983 年由美国总统里根首先提出的，直到 1993 年才完成设计。之后由美国、俄罗斯、欧洲航天局 11 个成员国（法国、德国、意大利、英国、比利时、丹麦、荷兰、挪威、西班牙、瑞典、瑞士）、日本、加拿大和巴西，共 16 个国家联合建造，是迄今世界上最大的航天工程。

国际空间站第一个组建的曙光号功能货舱于 1998 年 11 月进入预定轨道，原定 2003 年完工。但是由于技术、资金和合作中的各种问题，尤其是 2003 年 2 月 1 日哥伦比亚号失事导致航天飞机无法定期发射，所以该计划一再推迟，直到 2011 年 5 月才完成组装。

国际空间站提供了一个非常难得的微重力实验场所，可以进行最先进的生物、物理、化学、材料科学等实验。其中，命运号实验舱内装有 13 个实验机柜，可以用于人体科学和生物科学、材料科学和对地观测等研究，哥伦布号实验舱携带了生物学实验室、生理学模块、流体科学实验室和抽屉式机架等设备，希望号实验舱则支持生物、医学、材料、对地观测和天文观测等实验研究。

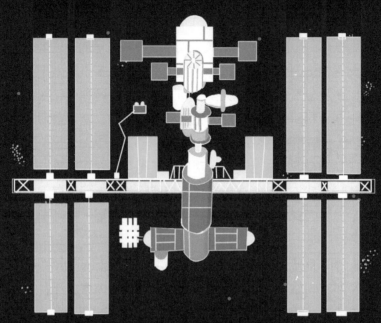

图 2-4 国际空间站
国际空间站由多个舱室组成

国际空间站最初的分工

国家／组织	国家／组织分工
美国	研制命运号实验舱、离心机调节舱、居住舱、1 号节点舱、气闸舱、桁架结构和太阳能电池阵
俄罗斯	研制多功能货舱、服务舱、万向对接舱、对接段、对接与储存舱、生命保障舱、科学能源平台和 2 个研究舱
欧洲航天局	研制哥伦布号实验舱、自动转移飞行器及 2 号和 3 号节点舱
日本	研制希望号实验舱，由增压舱、遥控机械臂系统、暴露设施和后勤舱组成
加拿大	负责研制移动服务系统，该系统包括空间站遥控操作机器人系统——加拿大机械臂、移动基座系统和专用灵巧机械手
巴西	提供一些特殊试验设备

国际空间站的设计寿命在 2020 年左右到期，美国、俄罗斯等国已经同意将其寿命延长至 2024 年。之后，国际空间站的寿命或许还可以延长几年。最终它将在完成使命后坠入大气层。

中国为什么也要建空间站

　　空间站作为一种绕地球运转的空间平台，首先具有干扰小、精度高的优势。由于受到地球大气层和磁场的影响，目前在地面上能够接收到来自宇宙的信息只有可见光和部分无线电波，而大量的电磁波已经被大气层过滤掉了。另外，地面大量的灯光和无线电设备，如电台、手机基站、家里的 WiFi 和微波炉，都会干扰对宇宙信息的接收，使人们探索宇宙受到很大限制。

　　如果在近地空间用观测设备进行天文研究，就可以排除这些限制。人类发射的各种空间探测卫星，如著名的哈勃望远镜，就是利用太空中干扰小、精度高的优势。

　　和无人操作的卫星相比，空间站对地观测和对太空的探测有一定优势。空间站作为一个平台，可以装载和更换各种观测仪器，灵活处理各种研究的需要，既可以用于对地遥感，也可以观测太空。加上航天员在里面居住和工作，观测仪器可以随时得到调试和调整，以获得最佳效果；当仪器设备发生故障时，又可以随时进行维修或者更换，恢复正常工作状态。

　　空间站还有一个重要作用是提供长期的微重力环境，可以支持长期开展大规模的空间科学研究。例如，通过航天医学研究，可以观察太空环境对人身体和心理的影响，可以提高对人的大脑、神经、骨骼、肌肉在微重力条件下所发生变化的认识。

　　从更遥远的未来来看，空间站的规模扩大以后，可以作为太空永久性居住区——太空城。太空城的运行经验又可以为星际旅行和移民打下基础。

"天"上"宫"阙
——太空中的实验室

中国的载人航天已经解决了送航天员上太空的第一步。下一步，我们要修建太空里的实验室，让宇航员能够短期在里面生活和工作，为未来的空间站做好准备。

天宫一号——空间实验室也有试验版

载人航天工程前期，科学家们利用神舟系列飞船开展了 40 余项空间科学研究，包括空间材料科学、空间生命科学与生物技术、空间天文观测、微重力流体物理以及地球观测等方面研究，取得了一些有国际影响的研究成果。

中国科学家在神舟三号和神舟四号上开展了蛋白质结晶、生物细胞培养以及细胞融合等空间生物技术实验，在神舟八号上与德国科学家一起进行了线虫的空间行为和发育、微生物在空间的生长等 18 项空间生命科学研究。在神舟三号、神舟四号上利用我国自主研制的中分辨率成像光谱仪和多模态微波遥感器，开展了地球观测研究，获取了地球目标的详细光谱和海洋波浪、海风、海温等信息。在神舟七号上进行了固体润滑材料舱外暴露试验和伴随卫星试验。这些实验不仅取得了不少成果，而且为后续利用载人航天开展科学研究积累了丰富的经验。

天宫一号于 2011 年 9 月 29 日发射并成功进入太空。它并不是真正的空间站，而是用于试验我国未来空间站所需技术的首个空间实验室，目的是为我国未来建设空间站做准备。苏联、美国及欧洲航天局的空间站，都是先研制试验性空间站、再建造真正的空间站。

空间实验室是设立在太空、用于开展各类空间科学实验的实验室，就好像把地面上的实验室连同里面的瓶瓶罐罐一起送到太空里一样。空间实验室的建设过程是先发射无人空间实验室，而后再用运载火箭将载人飞船送入太空，与停留在轨道上的实验室交会对接，航天员从飞船进入空间实验室开展工作。他们的生活必需品和实验工作所需的材料、设备均由飞船运送。载人飞船停靠在实验室外边，作为应急救生飞船，如果实验室发生故障，可以随时载航天员返回地面。航天员工作完成后，乘飞船返回。

空间站又称航天站、太空站、轨道站，是一种在近地轨道长时间运行，可供多名航天员巡访、长期工作和生活的载人航天器。空间站分为单一式和组合式两种。单一式空间站可以由航天运载器一次发射入轨，组合式空间站则由航天运载器分批将组件送入轨道，在太空组装而成。

天宫一号长约9米、最大直径3.35米、重量约8.5吨，主体为短粗的圆柱形，直径比神舟系列飞船更大，前、后各有一个对接口。它采用两舱构型，分别为实验舱和资源舱。实验舱前端安装一个对接机构以及交会对接测量和通信设备，用于支持与飞船实现交会对接。资源舱为轨道机动提供动力，为飞行提供能源。

如果用大家生活中常见的住宅来打比方的话，天宫一号就好比一个用来给宇航员工作、睡觉、做科学实验的大套间，有工作间、生活间和厕所。在6米多长的舱里面，从舱头走到舱尾，两边是航天员要操作的设备以及各种生命保障系统和科学实验仪器。另外还有留给航天员的"卧铺"，比神舟系列飞船里的更舒服、更大。此外，还设有一个小型的空调系统，保证里面的温度适宜，有微风循环。

和之前已经成功发射多次的神舟系列宇宙飞船相比，我国发射和建造空间实验室的关键是突破飞船空间交会与对接技术。空间交会与对接技术的难度很大。在对接过程中，如果计算不准，就可能发生飞船相撞事故。苏联的礼炮系列与和平号空间站都发生过因为对接失误而造成的事故。因此，需要进行大量试验才能掌握这一技术。

航天器的空间交会对接控制方法有两种。一种是人工控制，另一种是自动控制。用人工控制来完成太空交会对接可以提高交会对接的成功率。自动控制交会对接的可靠性高，不需要考虑人员的安全和救生问题。未来的发展趋势是人工控制和自动控制相结合，以提高交会对接的灵活性、可靠性和成功率。

而在实际操作中，要确保两个质量都在好几吨甚至十几吨的航天器，能够在各自都绕地球高速运动的状态下精准对接，就像张飞坐在旋转木马上用斧头把牙签竖着砍成两半一样，需要对空间位置非常准确的操作和推进器推力的精确调整。

2011年11月1日，神舟八号无人飞船成功发射，并以天宫一号为目标成功进行了对接。和之前的神舟系列飞船相比，神舟八号增加了微波雷达、激光雷达、图像敏感器等交会测量设备，以及主动式对接机构，具备自动和手动交会对接与分离功能。交会对接任务的成功标志着我国空间交会对接技术取得重大突破，是我国载人航天事业发展历程中的重要里程碑。

2012年6月16日，载着景海鹏、刘旺、刘洋3名航天员的神舟九号进入太空，首先于18日与天宫一号目标飞行器成功实现自动交会对接，形成组合体

图 3-1　空间实验室与载人飞船对接

后 3 名航天员先后进驻天宫一号，成功实现了中国首次载人交会对接。24 日，天宫一号与神舟九号组合体分离，神舟九号自动撤离至距天宫一号 400 米处。之后，神舟九号在航天员手动控制下再次成功与天宫一号交会对接，第二次形成组合体，航天员再次进入天宫一号。

2013 年 6 月 11 日，神舟十号载着聂海胜、张晓光和王亚平 3 名航天员成功发射并准确进入轨道。和神舟九号类似，神舟十号也分别完成了自动交会对接和手动交会对接，并首次成功实施了航天器绕飞交会试验，达到了预期效果。

值得一提的是，6 月 20 日，王亚平在聂海胜、张晓光的配合下，为全国 6000 多万名中小学生进行了太空授课。航天员们分别进行了质量测量、单摆运动、陀螺、水膜和水球等实验，展示了失重环境下物体运动特性、液体表面张力特性等物理现象，并通过视频通话形式与地面课堂的师生进行了互动交流。这也是中国航天员首次在空间实验室对全国观众进行视频授课，进一步激发了广大青少年对宇宙空间的向往、对学习科技知识的热情，让青少年通过这次活动走近航天、了解航天、热爱航天。

神舟十号与天宫一号的交会对接实现了中国载人航天飞行任务的连战连捷，为中国载人航天工程第二步第一阶段画上了圆满的句号。

天宫二号——中国首个真正意义上的空间实验室

天宫一号是空间实验室的试验版。而天宫二号是继天宫一号后，中国第一个真正意义上的空间实验室。天宫二号于 2016 年 9 月 15 日由长征二号 F 改进型无人运载火箭从酒泉卫星发射中心发射；2016 年 10 月 17 日，发射神舟十一号飞船，搭乘 2 名航天员，与天宫二号对接，进行人在太空中期驻留试验。2017 年上半年，长征七号运载火箭发射天舟一号货运飞船，与天宫二号对接，开展推进剂补加等相关试验。

载人航天工程高级顾问、中国科学院院士顾逸东介绍，天宫二号与天宫一号都属于空间实验室，基本规模差不多。天宫一号主要是作为目标飞行器和神舟飞船进行对接，在这个过程中，交会对接技术得以检验并成功应用。在天宫二号上，航天员将驻留更长的时间，同时开展很多科学实验工作，实验的数量和范围比在天宫一号上开展的多得多。

天宫二号是在天宫一号目标飞行器备份的基础上，根据天宫二号任务的需要改装研制而成的，也是一个长期在轨自动运行、短期载人的飞行器，是中国建造空间站之前进行技术验证的重要阶段。由于天宫一号消耗燃料较少，飞行寿命延长，成功地完成了中国航天三步走的第二步第一阶段，工程人员提高了天宫二号的质量，重约 13 吨。

空间实验室更像是空间站的前身，是为发展空间站，从载人飞船过渡到载人航天基础设施的试验性航天器。也就是说，发射空间实验室是为建造复杂程度更高的空间站所做的准备工作。空间实验室的发射，可以对空间站的关键技术进行试验，获取经验，降低风险，为建造空间站打下基础。

相对于天宫一号目标飞行器，天宫二号空间实验室上搭载了全新配套的空间应用系统载荷设备，配套设备数量和安装复杂度均创造了历次载人航天器的任务之最。

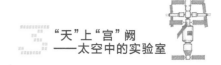

神舟十一号飞船将搭载两名男航天员，与天宫二号完成对接，并在太空驻留 30 天。此前中国航天员在轨驻留的最长时间纪录是神舟十号时创造的 15 天。中国航天科技集团公司相关专家表示，如果想把这一纪录翻一番，携带的生活必需品要更多，载人飞船装载量要大大提高，同时也要为航天员创造更舒适、更人性化的环境。

换言之，天宫二号搭载的环境控制与生命保障系统将对航天员进行 30 天的保障，并接受长时间检验。这一技术得到验证之后，还将突破为航天员未来在空间站长期驻留的技术。

别看天宫二号和天宫一号"面子"长得差不多，但其实"里子"变化是很大的。天宫二号较大的改进是装备更豪华、装载量提高、内部环境更好。值得一提的是，天宫二号的系统设计是模块化的，出现问题时可以快速更换和在轨维修，这在国内空间领域属于首创。

其中一个新安装的设备是机械臂，将测试开展舱外搬运和维修。这种设备目前在国际空间站上已有使用，但在中国航天领域仍处于试验阶段。

要搭建巨大的空间站，机械臂操作技术将在这时候派上大用场。天舟货运飞船把不同的载荷运输上太空后，航天员和机械臂要互相配合将其装配到空间站上。正如中国载人航天工程总设计师周建平所说："一名航天员在舱内操作机械臂，一名航天员在舱外太空行走。无论是舱段转位、大设备的移动，还是航天员自身的移动，都可以通过机械臂完成。"只有演练好人机配合，中国空间站未来的建造和维修才成为可能。

空间机械臂是什么？空间机械臂设计专家说，通俗的解释就是一种典型的空间机器人。和大家熟悉的工业机械臂（机器人）一样，它能用于空间站在轨组装、在轨维修、货物搬运与转移、辅助航天员出舱活动等，是空间站建设和运营的关键装备。

为了研制这条臂展超过 10 米的"手臂"，工程师突破了 16 项关键技术，首次采用了自主爬行和双臂组合操作的模式，以实现大范围、大负载操作以及局部精细化操作。

所谓"自主爬行"，可以理解成机械臂一种有趣的"走路方式"，它可以头尾互换地爬到每一个角落。虽然太空没有重力，但要在速度快、惯性大的太

图 3-2　天宫二号

空里拿起一件东西也不是那么简单的。而且万里之遥的机械臂全靠自己的判断来选择采取什么姿势、用多大力气，这个度很难拿捏。这些都需要在天宫二号上测试。

除了测试装备外，天宫二号还将在 2017 年上半年验证与天舟一号货运飞船的对接和资源补给技术，这也是世界范围内的难题。而且，因为后续要建造长期在轨飞行的永久性空间站，推进剂会不断消耗，天宫二号还必须要试验突破推进剂在轨补加技术。

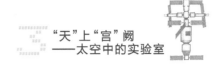
天宫二号上有哪些太空实验

载人航天工程空间应用系统总设计师赵光恒介绍，天宫二号作为中国首个真正意义上的空间实验室，搭载的实验项目达到了史无前例的 14 项，其中 2 项由航天员直接参与操作，1 项为国际合作。直接承研单位 28 家，装载有效载荷 51 件。能够拿到登上天宫二号的"入场券"，这些实验无疑都属于当今世界最前沿的探索领域。主要涉及微重力基础物理、微重力流体物理、空间材料科学、空间生命科学、空间天文探测、空间环境监测、对地观测、地球科学研究应用以及应用新技术试验 8 个领域。

具体包括：空间冷原子钟实验、液桥热毛细对流实验、综合材料制备实验、高等植物培养实验、伽马暴偏振探测等空间科学实验与探测项目；宽波段成像光谱仪、三维成像微波高度计、紫外临边成像光谱仪、空地量子密钥分配试验、伴随卫星飞行试验等应用和新技术试验项目。是目前载人航天历次任务中开展应用项目最多的一次。

空间科学物理学前沿有望取得重大突破

天宫二号空间实验室三个物理领域重点项目是：空间冷原子钟实验、空地量子密钥分配试验、伽马暴偏振探测。这三个项目均面向国际科学前沿，科学意义重大。

空间冷原子钟将成为国际上第一台空间运行的冷原子钟，可以使飞行器的自主守时精度提高两个量级，在导航定位、前沿物理研究等方面具有广泛的应用价值。

空地量子密钥分配试验将开展天－地超远距离量子密钥传输，以及业务数据天地激光通信，将为未来建立不可破译的信息安全系统，以及建立实用化的保密通信网络奠定基础。

31

伽马暴偏振探测为揭示伽马暴本质、宇宙结构、起源和演化等前沿热点研究开辟新的途径，获得新的发现。

多项空间应用技术有望取得重大突破

赵光恒指出，天宫二号空间实验室多项应用项目达到国际先进水平，应用意义重大。

宽波段成像光谱仪、三维成像微波高度计、紫外临边成像光谱仪是新一代对地观测遥感器和地球科学研究仪器，将会在资源环境、生态环境、农林应用、海洋环境、大气污染和大气成分监测以及全球变化研究等领域广泛应用并取得显著效益。

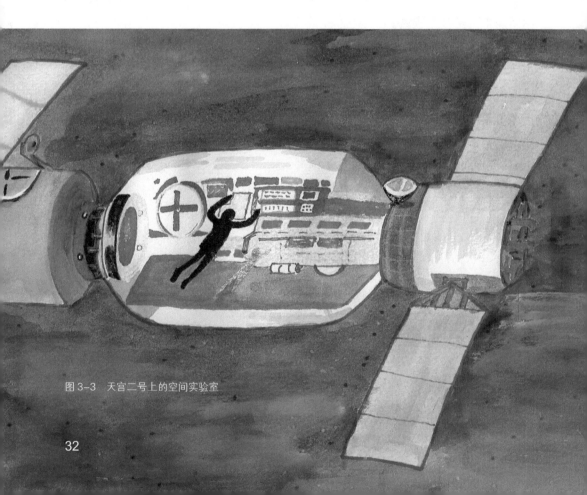

图 3-3　天宫二号上的空间实验室

伴随卫星飞行试验将进一步验证小型高功能密度卫星、在轨释放、驻留伴随飞行等技术，在伴星分离释放和交会对接过程中将对飞行器进行近距离成像观测，同时开展微小型部组件空间试验验证，为未来新型航天器编队飞行技术奠定基础。

多项空间科学实验期望取得重要进展

液桥热毛细对流实验更加深入地剖析和探索热毛细对流的过程，将进一步提升中国微重力流体科学的空间实验能力和技术水平。

综合材料制备实验部分材料实验样品为国际上首次空间实验，如新型纳米复合光学材料、高性能热电转换材料、多元复相合金等，航天员将多次操作更换并回收实验样品，供地面进一步分析研究。

高等植物培养实验将首次开展微重力环境下光周期调控机理研究。而且应用了荧光蛋白基因表达先进技术手段，航天员将回收部分植物样品供地面进一步分析研究。

另外，在2017年与天宫二号对接的货运飞船天舟一号上，也将开展几项科学实验，包括静电加速度计和主动减振试验、两相流实验及关键技术验证、微重力对细胞增殖和分化影响研究等。

你也许会说，这些实验和仪器的名字都太古怪了。下一章，我们将尽量用通俗的语言帮助你明白，科学家究竟要在天上做些什么。

太空实验的"大管家"

科学家要在位于我们头顶约 400 千米的天宫二号太空实验室中开展 10 多项科学实验和观测。如何"玩转"那么多高精尖的科学仪器，并让各项复杂的科学实验有序、安全地运行？这就需要一个太空实验"大管家"了。

这个太空实验"大管家"就是中国科学院空间应用工程与技术中心（简称空间应用中心）。空间应用中心就是要把科学家的科学思想、需求，通过分析转化为对载荷设备的技术要求，变成工程可实现的语言。从某种程度上说，就是将科学和工程的距离拉近，搭建从科学火花到工程实现的桥梁。通过总体工程设计，并对其运控工作进行仿真和优化，在满足飞船约束的条件下，最大限度地利用资源，获取应用效益。

图 3-4 太空实验"大管家"

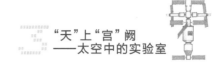
运筹帷幄指挥太空实验

空间应用天地支持系统，是由有效载荷运控中心统筹规划、集中管理，统一控制，天基有效载荷网络接收地面指令后，调度有效载荷有序运行，两者构成天地一体化信息大回路。作为载人航天工程空间科学与应用任务唯一的运行管理中心，有效载荷运控中心负责有效载荷运行任务统筹规划，载荷计划的统一制订和载荷集中管理控制。它是整个飞行实验任务的统一指挥与调度者。不管太空实验多么复杂，有效载荷的运控中心就像在运营一盘巨大的太空电子游戏，通过应用需求分析、时间窗口计算、冲突消解、资源调配等，确保各种不同类型的有效载荷有序、高效地在太空开展工作。

针对天宫二号液桥热毛细对流实验中天地实时交互和精细控制的实验需求和特点，空间应用中心研制了目前中国首个基于虚拟现实技术的沉浸式遥科学实验平台，它几近真实地在地面实时再现了太空中的科学实验场景，在沉浸式虚拟环境中融合了多通道三维交互方式，通过流场仿真预测实现了空间实验全过程的连续跟踪和延迟补偿。

天宫二号这样的飞行器中会搭载很多科学实验载荷设备。为了确保送入太空的实验设备都能良好运转，按照科学家的设想取得丰富的成果，除了在早期的实验方案论证、前期的设计生产之外，还要通过一系列的测试工作，来验证工程师们造出来的是不是科学家们想要的"东东"。

这些高精尖的实验设备从设计到被送入太空，要经过层层测试，从单机测试、

图3-5　有效载荷运控中心负责在轨科学实验的运行控制

分系统测试、系统级测试,从与飞船间的大系统联试到发射场阶段的综合测试。而对于其中非常重要的设备"软件大脑",除了研制单位的工程师要进行自测试之外,还要进行一项特殊的测试——软件第三方评测。第三方评测的结论决定了这些重要设备能否出厂放行,参加下一阶段试验。

为了更好地支撑测试任务,空间应用中心还利用仿真技术研制了柔性测试系统和智能测试设备,可以根据测试需要进行"变形"。测试设备的智能体现在:通过软件的重定义,使得同一件测试设备具备了不同的功能,就像给它换了一个"心脏"一样。

让科学火花成真

中国载人航天工程经过 20 余年的努力,取得了从无人飞行到载人飞行,从一人一天到多人多天,从舱内实验到太空行走,从单船飞行到组合体稳定运行的辉煌成就。

作为载人航天工程空间应用系统的总体单位,空间应用中心组织开展了多学科、一定规模的空间科学实验与应用试验,并实现了全部预定的应用目标。

随着中国载人航天工程的一步步推进,空间应用的规模、水平将有更大的发展,部分领域实现了从跟踪到走向世界前列的转变,并为国民经济建设和科技进步服务。天宫二号任务中,空间应用系统安排了 14 项空间科学与应用项目,是载人航天历次任务中最多的一次,有望取得一批具有世界先进水平和重大国际影响力的应用成果,将有力推动中国载人航天工程进入应用发展新阶段。

4

有趣的太空实验

从太空看地球

你的身边会有人去太空吗？

从太空看到的地球是什么样？

其实，很多卫星和航天器上都安装了灵敏的"眼睛"——遥感仪器。通过这些"眼睛"，人类能够从太空鸟瞰整个地球，为我们更深入、细致地了解我们的家园提供了新的视角和机会。

遥感(remote sensing)，顾名思义就是从远处感知事物。科学意义上的遥感，是指不直接接触物体本身，从远处通过仪器（如传感器）探测和接收来自目标物体的信息，经过信息的传输及处理分析识别物体的属性及其分布等特征。

事实上，人本身就是一个很好的综合遥感器。比如，人眼就用可见光波段感知多彩的世界。西游记中的"千里眼""顺风耳"则是中国古人幻想的具有超凡本领的遥感"精灵"。

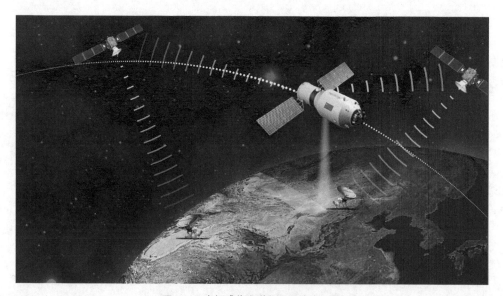

图 4-1　空间成像光谱仪开展地球观测

通过长期、大量的探索与研究，人类发现世间万物都在不停地吸收、辐射和反射不同类型的能量信息。人们还发现，不同物体之间的能量信息特性是不同的。这样，尽管我们用肉眼看不到太遥远的物体，但可以通过判定物体发出的能量信息特性来识别该物体。根据这一原理，利用遥感技术来获得这些物体的能量信息就可以探知、识别遥远的物体。

这里所说的能量到底指的是什么呢？简单地说，就是电磁波。地球上的不同物体对电磁波有不同的反射特征，遥感正是利用这个原理，通过探测器对远处物体进行识别和分类。使用不同的探测器，不仅可以对可见光波段的反射特征进行识别，而且可以对红外波段、紫外波段和无线电波段、射线波段的反射特征进行识别，这极大地拓展了遥感探测的范围。

在太空资源开发和利用上，给人类带来最明显效益的莫过于航天遥感技术的应用。利用装载在航天器上的遥感器，能在较短的时间内对地球进行大范围、大视域的遥感观测，获取地质、地貌、土壤、植被、水文、人工构筑物等地物的特征。航天遥感观测面积大、范围广、速度快、效果好，可定期或连续监视一个地区，不受国界和地理条件的限制，获取其他手段难以获得的信息，对军事、经济、科学技术的发展有重要作用。

在中国的空间实验室天宫二号上就安装了几只"慧眼"，它们有各自不同的作用，帮助我们从不同的侧面更好地认识地球。

当从太空看地球时，地球好像被一个厚度约 100 千米的光环包围着，这个光环是由于太阳光被大气分子、气溶胶、云和地球表面的散射造成的。

天宫二号上由中国科学院长春光学精密机械与物理研究所和大气物理研究所共同承担的紫外临边探测从近地空间对准地球边缘，是中国首次在太空开展紫外临边大气成像光谱试验。这个仪器探测大气散射光谱辐射，通过分析它的光谱特性可以获取全球大气密度、臭氧和气溶胶垂直结构及三维动态分布，研究大气各层相互作用及与地球各圈层以及与太阳活动、空间环境的关系，将在大气痕量气体监测、天气预报、空间天气和物理等领域具有广泛的应用。

天宫二号上由中国科学院上海技术物理研究所研制的宽波段成像仪是新一代空间光谱成像遥感器，可以有效探测卷云，获取云顶高度、气溶胶和大气水含量等信息，可以获取海洋、大气、陆地的精细光谱信息。这个仪器将用于海洋与海岸带的水色和水温监测、大气卷云偏振探测，同时兼顾大尺度土壤和植被分布等地表探测等，研究地球环境，并开展陆地、海洋和大气遥感的广泛应用。

最初，研制团队计划分别研制两台相机，分别为偏振相机和宽波段推扫相机。为节省飞行器的空间资源，团队将两台相机合二为一，既节省空间、降低设备重量，又同时具备原有两台相机的功能，而且还能互相帮助，起到"1+1 > 2"的应用效应。这是国际上首次实现一台仪器既能对可见近红外高光谱成像与短波红外、热红外多光谱成像，又能同时对同一目标进行偏振探测。

可见近红外谱段的成像可用在海洋叶绿素、悬浊物含量、海洋海岸水色等遥感应用中。比如，海水中的叶绿素含量增大时，水色一般由蓝色向绿色转变，成像仪提取到海水叶绿素、色素浓度等遥感信息，不仅可以帮助海洋专家准确监测到发生在任何海域的赤潮现象，还可以估计出这片海域的浮游生物量和初级生产力，从而指导渔民出海作业等。

热红外探测波段可实现成像仪不论白天、夜晚都可以正常工作。它可以探测水温、海冰和洋流信息，且具备很高的水温变化探测灵敏度，精度约为 1℃ 的 1/40，比中国现有的海洋遥感器的探测灵敏度提高了好几倍。不过，要实现这么高的温度灵敏度，热红外相机的传感器需要在约 −200℃ 下工作。因此，研制

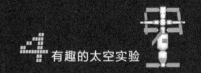
团队为它配置了高性能的机械制冷机来满足它的工作环境要求。

安装在天宫二号空间实验室的资源舱上、由中国科学院国家空间科学中心研制的三维成像微波高度计的主要目的是看海。它是一种新型雷达高度计，以更高的精度获取海浪、海风、潮流等海洋动力环境要素，开展海洋动力学研究的重要遥感器，并将为全球气候变化研究和海洋渔业、海洋运输等海洋活动的保障提供重要数据。

这个高度计突破了传统海洋微波高度计在海洋观测中只能获得星下点 3000 米左右观测范围的限制，能够实现宽幅、高精度三维海洋观测，提供高精度的实时动态数据。它对于研究全球的海洋动力环境（包括海平面高度、海面风浪和洋流）具有非常重要的作用。

浩瀚而又神秘的海洋是人类最大的资源宝库，蕴藏极为丰富的生物、化学、矿产资源和能源，是人类扩大生存空间、推动经济发展的重要领域。相对于陆地而言，占地球表面积 71% 的海洋拥有全球 97% 的水量，是自然界水循环的重要组成部分，并对地球上的水文生态环境产生着极其重要的影响。

但是，海洋自然环境会发生异常或激烈变化，导致在海上或海岸发生灾害。海洋灾害主要有灾害性海浪、海冰、赤潮、海啸和风暴潮；与海洋与大气相关的灾害性现象还有厄尔尼诺现象和台风等。因此，人类只有深刻、清晰地了解海洋环境的安全性，才能使海洋资源真正为人类所用。

利用全天候、全天时的星载遥感手段对海洋进行监测，并利用微波遥感的科学数据进行准确的海洋环境预报，无论对于海洋经济还是海洋安全都至关重要。微波高度计将对全球能量交换、气候变化的研究提供不可或缺的科学依据。

举一个例子，海平面高度是基本的海洋水文参数之一，与全球水循环关系最密切。通过对天宫二号高度计观测数据的复杂定标处理后，可以获得整个观测范围的海平面高度精确测量数据。

海面异常升降是指海平面高度超常规的上升、下降现象。由于潮汐作用、气候变化、海水热容量变化、地球自转速度变化等原因，海面始终处于复杂的升降变化之中；如果升降幅度较小，或者按照一定的周期发生有规律的升降变化，已为人类熟悉和适应，即属于"正常"升降活动，一般不会引起灾害。相反，如果发生大幅度的突发性变化，则常常对人类造成危害，即属于"异常"升降或灾害性升降活动。海面异常升降的表现形式很多，最剧烈的应属海啸、风暴潮等。

除这些短时间的、突发性海面异常升降外，还发生了长期的趋势性海面上升或下降活动；如果这种活动非常强烈，也会对人类产生严重危害。例如，海面持续上升，不但会加剧风暴潮灾害，而且会改变沿海地区的自然地理和生态环境，使广大低海拔地区出现被海水浸没的威胁，因此成为世界范围的重大环境问题。造成这种海面异常变化的原因十分复杂，主要包括：自然原因和"温室效应"造成的气候变化；由构造运动和地面沉降活动引起的滨海陆地升降；冰川消融以及河流入海水量变化。

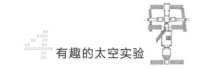

宇宙有多美就有多危险

茫茫太空看起来似乎空无一物，也没有人类赖以生存的空气，而实际上宇宙空间存在各种形态的物质。例如，难以防护的、能量很高的宇宙线；以每秒数十千米速度袭来的大大小小的流星体，以及只有在太空才能存在的各种能量的等离子体和高能粒子，太空还存在人类空间活动留下的废物——空间碎片……

在进入太空之前，人类对于宇宙的了解甚少，也不可能理解太空中发生的许多事情。人类航天提供了探测空间环境的新手段，从而让人们能够更准确地了解地球辐射带和磁层、探测太阳风等事件的特性……

大家平常都关心"全球变暖""明天是否有狂风暴雨灾害""空气质量怎样？有没有雾霾"这样的天气和环境问题。而宇航员和航天器进入太空也面临着不同的环境影响，包括高能带电粒子组成的辐射环境、大气层向上延伸到达 400 千米高度的轨道大气环境等，这些统称为空间环境。

对于载人航天来说，空间环境预报如同气象预报对我们日常生活一样重要。人们要根据当天的冷、热、阴、晴安排出行；大海中的船舰要知道会不会遇到暴风骤雨，前方有没有暗礁、险阻；天上的飞机要知道航线上有没有雷雨云层，会不会和其他飞机狭路相逢……飞船要在不为人熟知的太空安全飞行，同样需要预先知道那里有什么？可能会发生什么？这就是航天红色预报员——当代空间环境与预报科学家们所肩负的重大使命。

人类离开地球后，失去了大气层的保护，就置身于残酷的宇宙中，直接暴露在太阳发射出的强大紫外线和 X 射线辐射之下。于是我们发现，一直被歌颂的、赐予地球生命的神圣太阳也在威胁着我们的生命；不断从太阳表面吹来的太阳风和在太阳爆发时发出的高能带电粒子——太阳宇宙线，更是凶残的杀手。太阳活动比较剧烈时，常常喷射出大量的高能带电粒子，到达地球附近，就形成了"太阳质子"事件。"太阳质子"事件会对航天器和航天员产生辐射损伤。

除此之外，还有地磁暴等恶劣空间天气，统称为"太阳风暴"。历史上曾

图 4-2　宇宙怪兽

发生过多次对人类社会有很大影响的太阳风暴。例如，2003年10月底至11月初，太阳发生了一系列强烈的爆发活动，引发了最大级别的地磁暴。因爆发期间正值西方万圣节前后，故其被命名为"万圣节太阳风暴"。这次太阳风暴使一些人造卫星的电子线路彻底损坏。

而猛烈的太阳风撞击地球磁层引起的地磁暴是一种恶劣的空间天气现象。地磁暴的出现，会改变航天器的正常运行轨道，增大航天器定轨及轨道预测的误差。所以对地磁暴的准确预报是空间天气预报中重要的一项工作。

日本福岛核辐射问题曾经引起大半个中国的恐慌。在太空，辐射会导致航天器材料性能下降或损坏，也可以让宇航员的器官组织受到破坏，严重时甚至有生命危险。当空间天气平静后，航天员可以离开宇宙飞船，安全地出舱活动。空间天气有扰动，并且比较恶劣时，就会给宇宙飞船和宇航员带来影响。对于载人航天活动来说，主要是太阳质子事件的辐射环境会危害到宇航员的身体健康以及飞行器的安全。另外，高层大气密度的增加则会使航天飞行器的轨道下降甚至坠毁。大气以原子形式存在的氧具有非常强的氧化能力，可以让航天器的表面材料剥蚀而性能下降，电子设备可能会被损坏。同时，大气成分或其他颗粒附着在航天器表面，特别是光学器件表面，会引起污染，导致透光率或其他性能严重下降。

除了航天器上要采取多种措施，加强抗辐射能力外，科学家还要时时监控空间天气，定期做空间天气预报。一旦预测到可能发生强太阳质子事件，航天员就会收到消息。这时候，藏在太空舱里最抗辐射的位置，是航天员的最佳选择。

针对天宫二号的空间环境保障，中国科学院空间环境研究预报中心对天宫二号任务期的太阳、地磁、中高层大气、电离层、空间辐射等环境及其影响进行了分析和预测。科学家说，天宫二号任务期处于第24太阳活动周的下降年。在太阳活动周下降年，仍可能出现强太阳风暴。例如，在第23太阳活动周的下降年就爆发了著名的"万圣节太阳风暴"。

天宫二号搭载的由中国科学院国家空间科学中心负责研制的空间环境分系统就是用来实时监测辐射环境和轨道大气环境的，能够监测高能带电粒子辐射、轨道大气环境及其效应，为空间环境预报、空间环境变化机理研究以及目标飞行器、飞船和航天员的安全保障提供准实时监测数据；能获得400千米高度上辐射环境方向分布的全球覆盖数据、轨道大气综合参数数据；有望在可能的空间环境事件中捕捉到有科学意义的新发现，支撑空间物理研究。

"小蜜蜂"与宇宙中最闪耀的爆炸

　　一枚外观像盒方形蛋糕，被科学家昵称为"小蜜蜂"的探测器将"趴"在天宫二号的顶部，用它复杂的"眼睛"寻找宇宙中最闪耀的爆炸——伽马射线暴，帮助人类理解这激烈又短暂的瞬间灿烂是如何产生的。

　　"小蜜蜂"的大名叫天极，英文名叫POLAR，学名是伽马暴偏振探测仪。它将对宇宙伽马暴和太阳耀斑高能辐射进行高灵敏度的偏振观测，可望开辟伽马射线天文探测的新窗口。

图 4-3　天宫二号上的"小蜜蜂"

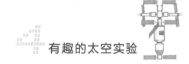

宇宙中最猛烈的爆炸

伽马射线是能量最强的电磁波，它的能量比可见光大几十万倍以上。在太空中产生的伽马射线无法穿透地球大气层，因此无法到达地球的低层大气层，只能在太空中被探测到。

伽马射线暴（简称伽马暴）是来自宇宙空间的伽马射线短时间突然增强的现象。虽然伽马射线暴的持续时间长者只有数百秒，短者更是不足数十毫秒，但期间释放的能量几乎抢了整个宇宙的风头，瞬时亮度甚至有可能胜过全宇宙其他天体的总和。

伽马暴的发现颇具传奇色彩。美国在 1963 年发射了探测伽马光子的 Vela 系列军事卫星，以监测"冷战"对手苏联核试验时所产生的伽马光子。这些卫星却意外地发现了许多既不是来自地球，也不是来自太阳，而是来自宇宙空间的伽马射线暴发现象。这些令人"意想不到"的发现打开了伽马暴研究领域的大门。

图 4-4　宇宙最闪耀的爆炸

目前伽马暴的成因虽然还没有定论，但比较公认的是与宇宙中接近光速的喷流现象有关。一些观点认为这种喷流是在大质量恒星死亡过程中产生的，也有人猜测是两个致密天体（如中子星）的合并产生的。这两种过程一般都伴随着黑洞的产生。

从 1973 年公布发现伽马暴以来，关于它的研究一直是天文学和物理学中一个极其活跃的前沿领域。自 1997 年以来，有关伽马暴的观测发现四次被美国的《科学》（*Science*）期刊评为年度世界十大科技成就之一。

1997 年 12 月 14 日发生了一次伽马射线暴，它距离地球远达 120 亿光年，所释放的能量比超新星爆发还要大几百倍，在 50 秒内释放出的伽马射线能量就相当于整个银河系 200 年的总辐射能量。这次伽马射线暴的持续时间在一两秒内，其亮度与除它以外的整个宇宙一样明亮。

2009 年 4 月 23 日，天文学家曾经观测到迄今最遥远的伽马射线暴，它距离地球 131 亿光年，导致该伽马射线暴发生的强烈爆炸发生在宇宙起源后近 7 亿年时。

2013 年，多国研究人员报告他们利用太空与地面望远镜于当年 4 月 27 日观测到在多个方面都打破纪录的伽马射线暴。它的亮度在地球上拿双筒望远镜都可以看见。根据对余辉的光谱观测还发现，这个伽马射线暴发生在距地球约 36 亿光年的地方，这个距离仅为典型伽马射线暴的 1/3 远。引发这个伽马射线暴的是一颗巨大恒星的爆炸，该恒星的质量是太阳的 20 ～ 30 倍，但体积只有太阳的 3 ～ 4 倍，是一颗非常致密的恒星。

2015 年 9 月 14 日，美国科学家在人类历史上首次观测到了引力波，这是由两个恒星级黑洞并合而产生的。在其发生 0.4 秒之后，美国费米伽马射线望远镜观测到了一起暗弱的伽马暴事件，持续大约 1 秒钟。尽管两者可能是巧合，但这一伽马暴事件看起来很可能就是由那两个黑洞并合而触发的。

然而，科学家们对此还存在争议，并且其他伽马射线暴探测仪器都没有"看"到这个"伽马暴"事件。因此科学家还需要更多数据才能够理解伽马暴和引力波事件的关系。科学家认为，未来几年内会有大量机会观测到类似事件的发生。

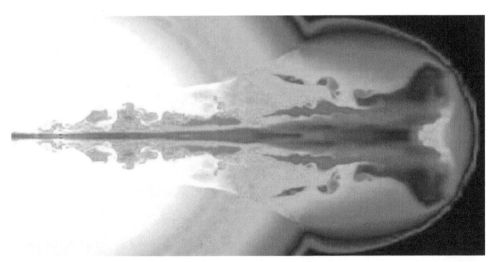

图 4-5　大质量恒星死亡时形成的喷流示意图

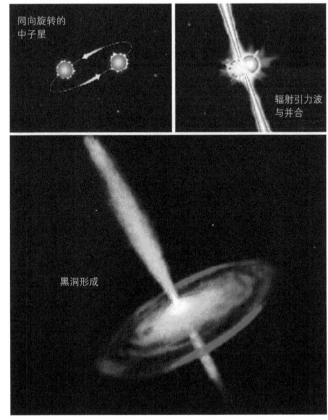

同向旋转的
中子星

辐射引力波
与并合

黑洞形成

图 4-6　双中子星并合时形成的
喷流示意图

这么猛烈的爆炸会对地球有影响吗

宇宙中充满了这种宇宙"狙击手"，它们随机地爆发，然后陷入黑暗。伽马暴强烈的伽马射线能够杀死一定范围的宇宙生命。幸运的是，迄今科学家发现的所有伽马暴都远在银河系之外，距离很遥远。但是将来，地球周围也可能出现伽马暴。地球在过去的岁月中可能已经受到过伽马暴的"洗礼"，这一情况也会在宇宙中其他天体上出现。

如果地球附近出现伽马暴，并且我们处在其释放路径上，那么地球上的生命将遭遇灭顶之灾。比如，如果伽马暴在数光年之内，那么它将会完全烤焦地球表面，至少被击中的那一面会这样；如果在数千光年之内，那么当它到达我们这里时将会有一百光年的宽度，就会像浪潮一样席卷整个太阳系。伽马暴会摧毁臭氧层，让我们暴露在致命的太阳辐射下。自然过程的臭氧恢复需要好几年，这期间足以让太阳把地球烤得寸草不生，至少杀死大多数复杂的生命。事实上，这样的情形可能已经发生过。尽管难以确认，但是伽马暴可能是导致 4.5 亿年前的奥陶纪大灭绝事件（第一次生物大灭绝）的原因之一。这个事件导致 85% 的海洋生物灭绝。

那么，伽马暴会毁灭我们吗？或许不会。在我们这样的星系中，可能每数千年才有一次伽马暴，而只有那些足够接近且朝向我们的才会造成伤害。但由于伽马射线以光速传播，在它们到达地球之前我们不会知道它们什么时候击中我们。所以可能已经有能毁灭我们的伽马暴上路了，但是直到它击中我们之前我们却一无所知……

"小蜜蜂"要探测的太阳耀斑又是什么

太阳耀斑是发生在太阳大气局部区域的一种最剧烈的爆发现象。它能在短时间内释放大量能量，引起局部区域瞬时加热，向外发射各种电磁辐射，并且伴随粒子辐射突然增强。太阳耀斑常常伴随着日冕物质抛射，对地球产生影响，甚至引发悲剧。

例如，增强的紫外和 X 射线辐射使电离层中的电子浓度急剧增大，引发电离层突然骚扰，可以导致短波无线电信号衰落甚至中断。增强的紫外线辐射被地球大气层直接吸收后，加热了大气，大气的温度和密度升高，从而使人造卫星等空间飞行器的轨道发生了改变；紫外辐射的增强还使得原子氧的密度突然增加，从而加快了原子氧对航天器表面的剥蚀作用。

打开观测宇宙的又一扇新窗

天文学的发展向来是由观测驱动的。望远镜和探测器是天文学这辆火车的车头。天文学家一方面把望远镜做得更大、更灵敏，让火车跑得更快，同时还在思考如何修建新的铁路、开凿新的隧道，让火车可以领略不同的风景。伽马射线偏振观测就是这样一条新铁路，科学家努力了40多年仍未完全成功，但我们已经可以预见在不久的未来，伽马射线偏振观测将为我们带来一片全新的天空。

假如你站在一个房间里，这个房间的窗户上装着竖状的防盗栏杆，如果你想向屋外递出一个大的圆盘，就必须把盘子竖起来顺着栏杆的方向递出去，否则会被栏杆卡住。光是电磁波，有一个特定的振动方向，称为偏振。伽马光子就类似于这个圆盘，如果你在光路上放一个电磁波的防盗栏杆，比如一副宝丽来（Polaroid）牌的太阳镜，那么只有一个偏振方向的光子才能完全透过这样的栏杆，这个栏杆就是偏振滤镜。别的偏振方向的光子透过去的强度会减少，垂直方向偏振的光子则完全不能透过。利用这个原理，我们可以带上偏振眼镜看3D电影，还可以做成摄影用的旋转偏振滤镜放置在相机镜头前使天空变得更蓝，或滤掉水面的反射光从而清晰地拍摄水中的鱼。同样，可以用来测量星光辐射的偏振特性。

如果你向窗外递出一枚硬币，那么无论硬币是横着或者竖着都能轻易地伸出窗外。这是因为相比栏杆的间距，硬币太小了。但是如果光子的波长也极其小，到了伽马射线波段，那么我们就无法在自然界中找到合适的"滤镜"，像过滤可见光一样来过滤特定偏振方向的伽马射线光子。因此，测量伽马射线偏振成为一个难题。天文学家从20世纪60年代伽马射线天文起步以来，便开始了一个漫长的探索之旅。在经历了40多年的等待之后，终于在今天的实验室里实现了质的飞跃。

伽马射线暴偏振测量射线偏振可以对黑洞、中子星等致密星体，以及跟这些致密星体密切相关的伽马射线暴、超新星遗迹、相对论喷流等天文现象的物理机制提出强有力的约束。

灵敏的"小蜜蜂"

天宫二号上的伽马暴偏振探测仪是专门用于测量伽马暴偏振的高灵敏度探测器，它是中国科学院高能物理研究所牵头，瑞士日内瓦大学、瑞士保罗谢尔研究所、波兰核物理研究所参加的国际合作项目，将通过测量伽马暴或太阳耀斑的偏振等特性，为更好地理解宇宙中极端天体物理环境下最剧烈的暴发现象产生的机制做出重要的贡献。

中国科学院高能物理研究所张双南研究员介绍说："'小蜜蜂'的重点是探测伽马射线暴的偏振。我现在很激动，我们希望能够第一次精确探测到伽马射线暴的偏振信息，希望通过这个仪器能够把伽马射线暴产生的过程看得更清楚。我们另外一个重要任务就是，研究引力波产生的时候是否有伽马射线暴。这样我们就可以知道产生引力波的事例究竟是怎么回事。这个研究是很有趣的。"

他说："这个探测器可以被称为望远镜，但它跟一般的望远镜不一样，有很多敏感的元件用来探测偏振，类似于蜜蜂和蜻蜓等昆虫的复眼，所以我们给它起名叫'小蜜蜂'。探测器由 1600 根塑料闪烁棒组成一个阵列，犹如 1600 个小眼组成一只复眼。"

图 4-7 伽马暴偏振探测仪由 1600 根塑料闪烁棒组成的探测器阵列，犹如包含了 1600 个小眼的蜜蜂复眼

（a）OBOX   （b）IBOX

图 4-8   POLAR 研制实物图

他预计"小蜜蜂"在两年的运行期里可以探测到约 100 个伽马射线暴。

虽然这十几年来人们对伽马暴的研究取得了长足的进步，但是有关伽马暴的一些基本问题还没有得到很好的解决。对伽马暴瞬时辐射偏振的研究可以为许多伽马暴的问题提供新的线索。虽然对伽马暴伽马射线偏振的测量具有十分重要的意义，但是由于仪器能力的限制，目前国际上的观测结果还非常少，而且没有任何一个测量结果达到了科学意义上的确认程度。也就是严格来说，目前世界上还没有对伽马暴伽马射线偏振的有效测量结果。

约 30 千克重的"小蜜蜂"包括电控箱和偏振探测器。偏振探测器部分安装在天宫二号的舱外指向天空，可以有效地捕捉到伽马暴过程中产生的伽马光子。电控箱安装于天宫二号的舱内，主要负责为偏振探测器提供低压电源、控制数据传输以及和卫星平台应用系统之间进行通信等。

"小蜜蜂"是如何入选天宫二号的?

张双南说："10 年前征集天宫二号的科学载荷时，我们提出了一个概念，在天宫二号上做伽马射线、X 射线、可见光的多波段探测仪器来观测伽马射线暴。后来中国和法国有一个国际合作机会，恰好法国也提出了伽马射线暴探测，就有了中法伽马射线暴探测卫星。在卫星上允许放更多的仪器，灵敏度可以更高，探测能力可以更强，这颗卫星预计将于 2021 年发射。另外，我们就想在天宫二号重量允许的范围内做一个有特色的仪器，因而就有了'小蜜蜂'这个探测仪。"

并且他还提到："这样的仪器从来没有人做过，任何第一次做的事情就会遇到原来没有想到的困难。但是技术问题总是可以解决，我们遇到的最大问题是文化上的，因为这是一个国际合作项目。欧洲的航天工程理念和管理与中国不同，不同文化之间产生了问题。中国的航天管理对质量和进度的控制非常严格，工程的理念强。我们团队没日没夜、没有假期地加班加点是家常便饭，但是欧洲那边就很难做到。为了赶进度，我们不得不做了很多本来该是他们做的工作。中国的空间环境实验比欧洲苛刻得多。但是另一方面，有些欧洲的工艺中国没有，国际合作也使得中国的工艺水平得到了提升。"

图 4-9　"小蜜蜂"

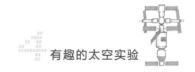

太空"八卦炉"炼的是什么"英雄材料"

在太空的微重力环境下，很多材料的形成过程会发生改变从而导致最终材料的性能变化。因而，科学家们希望能够到太空中去研究和制备材料，也梦想生产出在地球上难以制造出来的高性能材料或独特的材料。

在天宫二号空间实验室中，中国的科学家们将开展一系列的材料科学实验。所有材料实验样品均为国际首次，航天员将多次操作更换并回收实验样品供地面进一步分析研究。

中国科学院物理研究所研究员、载人航天工程空间材料科学分系统主任设计师潘明祥介绍，天宫二号上将开展包括半导体光电子晶体材料、纳米复合和新型金属基复合材料等在内的 12 项材料的生长与制备。

图 4-10 太空工厂

科学家们希望能够利用微重力环境生产出缺陷少、性能更优异的晶体和合金，如微纳米尺度结构更均匀一致的纳米复合材料、界面结构与地面有差异的新型复合材料、地面难以获得的组分均匀的高性能化合物半导体光电子晶体。

航天员要操作21世纪的"八卦炉"

科学家计划使用天宫二号上的综合材料实验装置进行 18 个样品的空间实验，其分 3 个批次进行，每批次 6 个。第一批次样品随材料实验炉发射升空后直接在舱内进行实验，待交会对接之后由航天员进行材料实验炉的开盖换样品操作，这将是中国航天员首次进行在轨操作的空间材料科学实验。

航天员在轨将完成两次开盖换样品的操作，之后将完成实验的两批样品带回地面，供科学家解剖分析研究。第三批次的 6 个样品将留轨进行装置热特性测量的实验，数据传回地面进行分析研究。

为了开展这些实验，科学家们研制了一个独特的"炉子"。

《西游记》中，孙悟空被太上老君放在八卦炉中炼了七七四十九日，炼成金子心肝、银子肺腑、铜头铁背、火眼金睛。另外《西游记》中大部分顶级装备，比如金箍棒、九齿钉耙和紫金铃等，都是出自八卦炉。

而天宫二号上的综合材料实验装置就好比一个 21 世纪的"八卦炉"。

工程人员历经三年多的攻关研制出的这个约 27.6 千克的炉子，最大功耗仅相当于 2 个 100 瓦的白炽灯，却能实现真空环境下最高 950℃ 的炉膛温度。虽然炉内有这样高的温度，但炉外表面却不会烫到航天员。

炉子的整个结构类似于一把左轮手枪。枪管中最高可加热到 950℃ 的高温，空间材料的制备和处理就是在这个高温枪管中完成的。通过控制枪管中的温度，可实现材料的熔化和凝固，从而在空间微重力条件下制备出地面难以合成的高质量材料。

样品管理单元的核心是存储样品的"样品管理仓"。样品管理仓类似于左轮手枪的"弹夹"，它一次能够装 6 颗"子弹"，即能够完成 6 种材料样品的高温制备和处理。

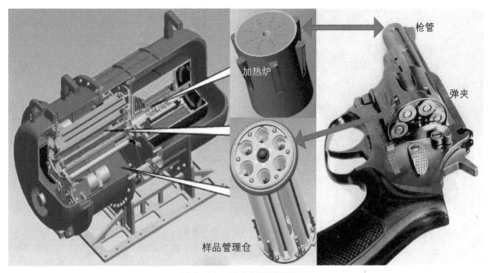

图 4-11 综合材料实验装置

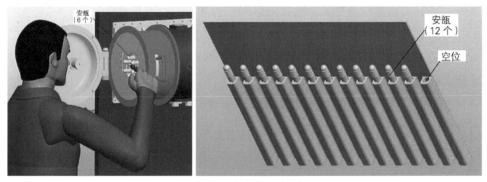

图 4-12 航天员操作综合材料实验装置

由于空间资源的限制，"弹夹"不能做那么大。那怎么办呢？这就需要航天员出场了。

航天员在太空具体是怎么操作的？先展开材料样品工具袋并固定在侧面版上，打开盖子，按照标识取出一个样品，放到样品工具袋的空位上，再把样品工具袋中的一个放到"弹夹"空位中，如此反复。换完了，合上炉盖。

未来太空工厂能实现吗

尽管俄罗斯、美国等国家已经在太空开展了多次材料实验，但是在太空中制备出来的材料目前还几乎没有真正得到应用。"虽然人类已经做了数千次的太空材料实验，但相比地面的实验还是非常之少。"潘明祥说。

潘明祥介绍，广泛应用于集成电路芯片制造的半导体材料——高质量的大尺寸硅单晶是在磁场下生长的，这一想法就来自于太空实验的启迪。

他说，空间材料科学目前依然处于以基础研究为主的阶段，科学家们还不清楚微重力环境下的对流受抑制使得材料的形成过程如何发生改变，以及材料的微观结构在太空环境下会发生哪些变化。如果材料性能真的改善了，那么是什么原因造成的呢？是微重力下的对流得到有效控制了，还是其他的原因？在地球上是否有办法模拟出空间的效应？这些都需要研究。

另外，即使是在太空生产的材料的质量、性能比地球上好，目前的成本还太高，性价比还难以与地面制备出的材料相竞争。

尽管如此，潘明祥说："一旦有了可重复使用的运载火箭和飞船，人类进入太空的成本大大下降，我认为对于一些特殊应用需求，太空工厂在未来是有可能实现的。"

试想某一天，在空间站里，基于综合材料实验装置的高端生产设备将被建成。到那时，可能一些地球上急需，但又无法制备的关键材料，将通过科学家的远程操控在太空生产出来。

天上传来不可破解的密码

科学家将利用天宫二号开展空地量子密钥分配与激光通信实验，从太空向地面发送不可破解的密码。这个实验与2016年8月升空的世界首颗量子卫星"墨子号"上的量子密钥分发实验一样，目的是建立最安全保密的量子通信，为中国打造坚不可摧的通信系统铺平道路。

中国科学院院士潘建伟说："这意味着，中国正从经典信息技术的跟随者转变成未来信息技术的并跑者乃至领跑者。"

图4-13 天地互动

奇异的量子世界

量子是微观世界里最小、不可分割的基本单位。比如，人们日常生活中常见的光就是由大量光量子组成的。量子世界以一种神秘、有趣的方式运行，量子有许多不同于宏观物理世界的奇妙特性，被认为是科学界最玄妙的话题，至今仍充满争议。

量子力学描述世界的语言与经典力学有根本的区别。经典力学描述一个物体的状态，会给出它的明确位置；量子力学描述一个微观粒子的状态，给出的则是叠加态——这个粒子在某些情况下既可能在这里，也可能在那里，没有确定的位置。当对其观测时，量子叠加态将随机地以一定的概率呈现不同态的性质。

潘建伟喜欢用"分身术"来比喻量子叠加态："这就好比孙悟空的分身术，一个孙悟空同时出现在多个地方，孙悟空的各个分身就像是他的叠加态。"

潘建伟说："在日常生活中，我要么在上海做报告，要么在北京做报告，我不可能同时在两个地方讲。但在量子世界，作为一个微观的客体，它不仅在这里，也可以在那里，同时在好多个地方。"

描述量子叠加的著名思想实验是量子理论创始人之一、奥地利物理学家薛定谔提出的有关一只猫的实验，因而被称为"薛定谔的猫"。在这个假想的实验中，一只猫被关在盒子里，盒子中还有一个原子核，它有 50% 的可能会发生衰变，

图 4-14　薛定谔的猫

而衰变将会放出一个粒子,粒子再触发毒气释放装置。在不打开盒子观察的情况下,原子核处于衰变和未衰变的叠加态中。在这种状态下,猫既是死的又是活的。

薛定谔是用这个假想实验来强调量子理论所描述的"荒谬性"。根据量子理论,这只未观测到的猫既是死的也是活的,直到你对它的观察使得它要么死掉要么活着,两者择其一。

那只既死又活的猫总像噩梦一样让物理学家们不得安宁……

量子物理世界的另一个奇异现象是纠缠效应。量子纠缠可以把两个或更多粒子的命运关联在一起。即使隔着一个太阳系,这一奇特关联中的粒子也是"心心相印"的。当测量其中一个的状态时,另一个的状态也会即刻发生相应地改变。

比喻得形象点儿,这就如同两张相距甚远的纸张,人们在其中一张纸上书写的时候,另一张纸上会立刻显现出所书写的信息。

爱因斯坦对这种"幽灵般的超距作用"嗤之以鼻,更愿意相信这背后有某种隐藏的物理作用。然而,1972 年,美国物理学家克劳泽等通过实验证实,微观粒子"遥远地点之间的诡异互动"现象真实存在着。

但是为什么会有这种现象呢?科学家现在也不知道。

如果你觉得量子物理太匪夷所思、难以理解也是正常的,因为科学家也有同感。

"当你思考量子理论时如果没有感到眩晕,"量子力学创始人之一——尼尔斯·玻尔说,"你就还没理解它。"

骄傲而聪明的美国物理学家理查德·费曼对量子力学的理解比任何人都深刻,他曾写道:"我的那些物理专业的学生也不理解量子力学,因为我自己就不理解。"

爱因斯坦被公认为是 20 世纪最伟大的物理学家——颇具讽刺地成为量子理论的奠基者之一——他从来都不喜欢量子概率,还常说他不相信上帝会掷骰子。

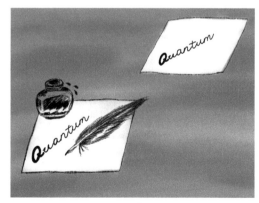

图 4-15 幽灵般的超距作用

图 4-16　玻尔与爱因斯坦

许多物理学家相信，量子力学一定还有某些"秘密"尚待发现。

量子"矛""盾"

尽管神秘、令人琢磨不透的量子力学还迷雾重重，科学家们却已经在开发、利用量子世界了。

从电脑到激光，从核能到生物技术，几乎没有哪个领域不依赖量子理论。量子力学推动和造就了现代世界，全球经济的 1/3 依赖于以量子力学为基础的产品。

但其实，人类还只消化了量子世界奇异特性的很小一部分。中国科学家正在开发威力强大的量子计算机和最安全的量子通信。

量子计算利用量子态的叠加性质，可以实现计算能力的飞跃。"太湖之光"超级计算机需要用 100 年计算的难题，量子计算机或许只需 0.01 秒。

然而，一些人对于量子计算机的恐惧多于期待。有专家指出，对于现有信息安全系统而言，一旦量子计算机横空出世，它将成为一支"利剑长矛"，可以攻破现在所有的密码。

所幸的是，量子物理同时提供了解决这一问题的办法。

如果量子计算机是"利剑长矛"，那量子密钥就是抵御它的"坚固盾牌"，它提供了一种不可窃听、不可破译的新一代密码技术。

图 4-17 量子之"矛"与量子之"盾"

潘建伟说，量子密钥分发就是在A和B之间共同生成一串只有他们双方知道的随机数，然后用这个随机数来加密。量子密钥一旦被截获或者被测量，其自身状态就会立刻发生改变，从而一定会被发送方察觉并规避。由于量子密钥分发是最先实用化的量子信息技术，因此一般所说的量子通信即是指的量子密钥分发。

潘建伟打了一个形象的比方，古人在信封上用火漆封口，一旦信件被中途拆开，就会留下泄密的痕迹。量子密钥在量子通信中的作用比火漆更彻底，因为一旦有人试图打开"信件"，量子密钥就会让"信件"自毁，并让使用者知晓。

利用量子纠缠效应进行信息传递的新型通信方式就叫量子通信。

量子通信在国防、军事、金融等领域的应用前景十分广阔。有专家预测，量子通信技术可能在 20～30 年后对人类社会的发展产生难以估量的影响。量子通信因其传输高效和绝对安全等特点，被认为是下一代通信和计算机技术的支撑性研究，也已成为全球物理学研究的前沿与焦点领域。

然而科学家发现，理论上量子通信在光纤中最远能做到 400 千米，再远就做不下去了。而量子信号的携带者光子在外层空间传播时几乎没有损耗，从

图 4-18 一旦有人试图窃密，量子密钥会让"信件"自毁

太空向地面发送信号。大气厚度只相当于水平 8 ～ 10 千米，80% 的光可以穿透大气。

在量子密钥分发实验中，天宫二号上的仪器产生光子并发射光子，与之对接的地面系统负责接收光子。然而，要做到天地互动并不容易，这就像是"针尖对麦芒"。

中国科学院上海技术物理研究所研究员王建宇说："这样的对准精度就好比我们在 1 万米高空的飞机上向地面一个一个扔硬币，这些硬币要准确投入储蓄罐狭长的投币口内，而储蓄罐还在慢慢旋转中；或者说要从上海发射一束光瞄准北京任何一扇窗户，指哪儿打哪儿。"

潘建伟团队还计划在未来的空间站开展"量子调控与光传输研究"，试验星间量子通信技术、全天时量子通信技术等，同时进行量子密钥组网试应用。

图 4-19　量子密钥分发实验的天地互动对准精度就好比从 1 万米高空的飞机上向地面储蓄罐中扔硬币

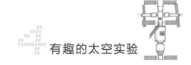

在太空搭一座液体的桥

你见过木桥、石桥、铁桥，但是你见过液体的桥吗？

先别急着摇头。

也许孩童时代坐在浴盆里洗澡玩耍的时候，你就见过啦！对，把你的两个沾满水的手指先并拢再轻轻拉开，指间的小液柱就是"液桥"。

虽然你不能站在液桥上看风景，但是液桥在我们的生活中发挥着重要的作用。比如，你可以在沙滩上搭建沙雕城堡，因为水在沙粒之间形成了液桥，使得散沙能够成团。再比如，毛笔蘸了墨水后能形成笔锋，也是因为墨水在笔毫间形成了液桥。

其实，液桥还是太空微重力流体力学研究的一个重要课题。中国的科学家就要在天宫二号上搭建一座液体的桥。

既然液桥现象广泛存在于生活中，那又为什么一定要大费周章地到太空中搭建呢？

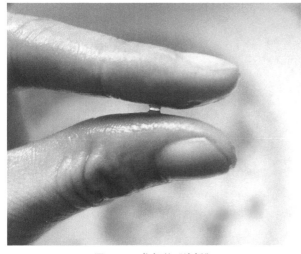

图 4-20　指间的"液桥"

图 4-21　墨水在笔毫间形成的"液桥"

答案是因为太空所特有的微重力环境。

在微重力环境下，重力消失后，液体表面张力大显神威。于是，就可以建立起大尺寸的液桥，而这在地面上是不可能做到的事情。

目前，国际空间站上已经做出了直径 50 毫米的液桥。想让液桥保持稳定是有前提的。理论上讲，需要保证液桥的高度和直径的比例小于一个定值。否则，液桥就会"垮塌"。

此外，与地面上的液桥不同，太空中的液桥可以产生热毛细流动。当液桥两端的温度不一样时，一端热一端冷，在液体表面张力的作用下就会产生热毛细流动。

专家介绍，地球上的物理现象都受到地球重力的制约，如浮力、沉降、压力梯度等。在微重力环境下，在地面上被重力掩盖的因素就开始变得重要。因此，微重力环境能观察到很多地球上不可能观测到的独特现象。

由于地面浮力效应的掩盖，热毛细效应曾经一度被忽视。科学家们曾经以为，只要没有重力，对流就会消失。那么，太空中将是理想的无对流环境，如果在这种环境中制造高纯度晶体，将会得到高纯度的单晶。

图 4-22 一座液体的桥

因此很多科学家专门在国际空间站和探空火箭上开展了晶体生长实验。但实验结果却让科学家大失所望，晶体还是有条纹缺陷。

最后，科学家发现，在微重力环境下，虽然浮力对流消失了，但是在地面上名不见经传的热毛细对流却起作用了。这大概就是俗话常说的"按下葫芦起了瓢"。更不可思议的是，当温差超过临界条件时，这种热毛细流动还会进入一种振荡流的状态，可以表现为温度的振荡。晶体在生长过程中忽冷忽热，不出现条纹才怪。通过太空和地面的对比实验，科学家才知道，即使在地面热毛细流动也会导致这种条带缺陷微观结构。

中国科学家一直期待能在空间微重力环境中开展实验，揭开热毛细对流的神秘面纱。经过多年努力，液桥热毛细对流研究项目终于拿到了一张天宫二号的"船票"，这也是中国第一次在微重力条件下开展液桥热毛细对流实验。

该项目的主任设计师、中国科学院力学研究所的研究员康琦介绍，这一空间实验的目的是要利用这种在地球上不可能建造出来的大尺寸的液体的桥，来研究在温差诱导的表面张力驱动下，其液体会有什么样的特殊流动规律。

康琦说："我们都知道，在太空中物体几乎是不受重力作用的，形成了重力接近于零的微重力环境。在这种条件下，浮力对流将会大大减小，那些影响我们研究热毛细对流现象的阻碍因素都会被无限缩小。也就是说，可以将热毛细对流的过程进行真实地展现，从而有利于科学家进行更加深入的剖析和探索。

我们要弄清楚液桥什么时候产生稳定的对流、什么时候对流不稳定，以及不稳定后对流会怎样发展、变化，除了拓展流体物理研究领域、发现新的物质运动规律及提高其对流机理的认识外，对于晶体生长研究也是非常有用的。

地面晶体生长受浮力对流的影响而产生缺陷，空间晶体生长受热毛细对流影响，缺陷也时有发生。研究热毛细对流问题对于在实际工业生产中提高结晶晶体的质量具有重要意义。比如我们想生产出高质量的半导体材料，就要科学控制浮力对流和热毛细对流对单晶硅在晶体生长过程的影响。"

所以说，不远万里到太空完成实验绝对不是浪费纳税人的钱，而是为了看清热毛细对流现象的"真面目"，服务于实际工业生产。为了这个目标，科学家也是蛮拼的。

康琦说，搭建液桥使用的液体是一种低黏度硅油，是很多化妆品中的成分。

实验设计这座液桥的直径是 20 毫米，桥的"跨度"范围是 3～20 毫米。如果是在地球上，这样的液桥"跨度"只能做到 4 毫米。

据介绍，天宫二号上的液桥热毛细对流实验箱重 13 千克，大小比普通台式电脑还要小。科学家要尝试在太空里做出 130 多种不同情况的液桥，有的胖、有的瘦、有的高、有的矮。

"实验的难点是，桥不能垮掉，注入的液体内不能有气泡。其实任何液体中都含有空气。所以我们在天宫二号发射前，要将实验用的液体内的气体除掉。"康琦说。

为了配合此次的太空实验，研究人员在地面开展了许多匹配实验研究。他们在实验室利用蓝宝石搭建了一套液桥装置，通过粒子图像测速和红外热像仪等先进设备观测和分析了液桥流动，得到了大量的地面实验数据。

历经 3 年多的工程研制，热毛细对流箱通过了层层考验。这套装置搭乘天宫二号飞船升空，科学家可以用天地互动的方式开展一系列的空间实验。

科学家们的目标是通过这一太空实验突破并掌握微重力环境下的液桥建桥、液面保持和失稳重建等关键技术，进一步提升中国微重力流体科学的空间实验能力和技术水平。

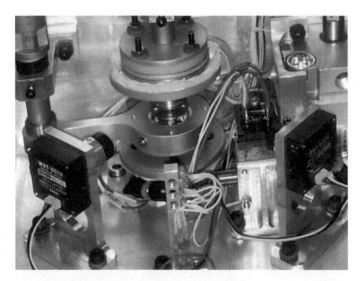

图 4-23 天宫二号液桥热毛细对流空间实验项目部分实验装置

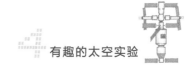

我们能到火星上种土豆吗

好莱坞科幻电影《火星救援》中，独自滞留在火星的宇航员依靠种土豆、吃土豆生存了 500 多天而得以等到救援返回地球。

真的能在火星上种土豆吗

虽然目前人类还未登陆火星，但科学家们已经在国际空间站上种植并品尝过生菜了。而在中国空间实验室天宫二号上，科学家们这次要种水稻和拟南芥了，让它们在太空中完成从种子到种子的全过程。

科学家们关心，在没有了昼夜之分、四季之分、上下之分的太空中，地球之花还会按故乡的时间绽放吗？会结出与地球上不同的种子吗？

图 4-24　我们能到火星上种土豆吗？

图 4-25　去太空种花花草草

为什么要研究在太空里种粮、种菜呢？

在地球上，植物是食物链以至生态系统中的关键环节。一方面，植物为动物（包括人类）提供食物，包括碳水化合物、蛋白质、油脂和维生素等；另一方面，植物通过光合作用释放氧气，维持大气中的氧气含量，调节二氧化碳平衡，为人类提供生存所必需的气体环境。

目前人类宇航员可到达的太空范围，太阳光是取之不竭、用之不尽的可再生能源。绿色植物可以利用太阳光的能量进行光合作用，生产食物、吸收二氧化碳、释放氧气，同时可以利用人类生活产生的废弃物，利用蒸腾作用来净化水。因此在可再生的宇航员生命保障系统中，高等绿色植物是物质循环与能量交换的关键。

尽管科学家在太空已经开展了多次植物生长实验，但是要在太空条件下成功地利用植物生产粮食与蔬菜等，为宇航员长期的太空生活提供食物来源，还需要解决许多与植物生长发育有关的环境因子问题，包括微重力的影响。

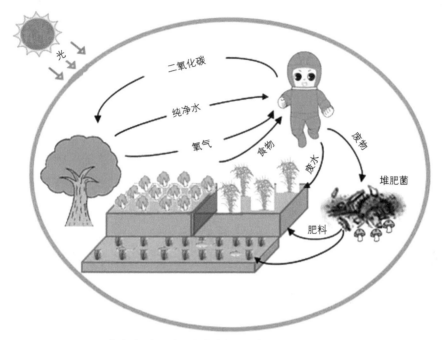

图 4-26　绿色高等植物是密闭生态生保系统中物质循环与能量交换的关键

地球重力根深蒂固的影响

地球是太阳系的一颗行星，被大气层包围着。大气的自身重量形成大气压。在海平面处，大气压的标准值为 101.3 千帕。地球表面重力加速度的平均值为 9.81 米 / 秒^2（记作 1 个重力加速度）。地球上的重力加速度几乎是一个亘古不变的常量，这个力的影响是地球生物自诞生之日起都必须承受的。

地球上所有的生物都是在 1 个重力加速度的重力条件下演化而来的，它们的生长发育、生理与代谢活动、行为特征都与 1 个重力加速度的重力相适应，很多生物还演化出专门感知重力变化的器官或细胞器。绿色高等植物尤其要依赖重力来引导其生长方向，这也就是通常所说的向重力性（也称向地性）反应。植物向重力性的生理过程十分复杂，科学家们对这一过程的研究已有一百多年。早在 19 世纪，达尔文父子就出版了《植物运动的力》（*The Power of Movement in Plants*）一书，专门讨论了植物"运动"的奥秘。但是时至今日，植物向重力性过程的调控机理还不完全清楚。

重力基本上参与调控了植物的全部生命过程，如种子萌发后叶片的开闭、侧枝侧根的发育、开花传粉和种子的形成等。高等植物之所以能够感知重力，是因为在它们的许多器官组织中都演化出了专门感知重力的细胞，也称为平衡细胞。平衡细胞中有密度较大、可沿重力方向沉淀的淀粉体。淀粉体的沉淀在细胞内可以触发一系列的信号转导，是调控植物向重力性反应的重要因子。高等植物的根通常具有正向重力性，也就是沿着重力方向向土壤中生长，以获得更多水分与矿物质营养；而茎的负向重力性则使其能够向上伸展生长，以获得更多的阳光。

国际上太空植物研究有何进展？

随着空间科学和航天技术的发展，人类对太空的探索已从20世纪的"载人飞船—航天飞机—空间站"，转向21世纪的"载人飞船—月球基地—载人火星探测"。人类活动的疆域不断拓展，从近地轨道到深空探测，从建立月球基地到火星生存，在人类向更高、更远探索的征程中，空间环境与地球环境的巨大差异成为制约人类向宇宙纵深发展的重要因素。

人类要飞出地球、探索宇宙、克服长期在地外生活的困难，首先要建立、发展空间生命生态支持系统，为人类长期的航天活动提供长期生存所必需的氧气和食物。其次，科学家也在设想建立月球和火星基地，其中种植供太空基地工作人员生活的农作物成为这个设想的中心任务之一。不过到目前为止，在月球或火星所需的那种完全封闭式环境中种植植物还没有成功的范例。

2015年8月10日，NASA公布了一段视频，内容是关于在国际空间站收获到了第一批太空生长的紫叶生菜，吸引了全世界的目光。在经过表面消毒等简单处理后，来自美国的和日本的宇航员一起品尝了这些生菜。

对此，NASA官网评论道："这让人类登陆火星又前进了一步。"NASA并没有夸张，这一批生菜来之不易，它们是众多植物生理学家、工程学家以及航天专家通力合作的成果。

植物生理学家需要精确计算出空间微重力条件下植物生长所需的光、水和气体。空间微重力条件下，水分在空气和土壤中的分布都与地面重力条件下有明显的差异。比如，地面条件下植物蒸腾作用产生的水会在凝结为水珠后随着重力落到土壤中，而微重力条件下水珠会飘浮在空中或在植物叶片周围聚集，土壤中的水分也会在根周围聚集。另外，空间微重力条件下气液分离非常困难，导致植物的呼吸作用与光合作用的气体交换困难。这些因素使得空间植物往往表现为缺氧的症状，导致生长缓慢，甚至死亡。工程学家通过调节培养箱中的光、水、气、温度、湿度等，逐渐克服了空间环境对植物生长的不利因素。不仅如此，目前科学家已经可以通过实时的图像随时监测空间植物的生长状况，及时调整植物培养箱中的环境因素。

中国在太空种过啥？

中国早在 1987 年就开始了空间植物学研究。20 世纪 90 年代，中国利用返回卫星进行了多次空间搭载飞行实验，实验植物包括石刁柏、黄瓜、萝卜、水稻、西红柿和拟南芥。早期主要是搭载干种子和刚萌发的种子进行短期的飞行实验。

2006 年，中国首次利用实践八号返回式卫星留轨舱的实验平台，对青菜生长发育过程进行实时图像观察，获得清晰的图像与数据结果。这些数据为了解在空间微重力下高等植物花的发育与传粉提供了实时的图像数据，发现空间微重力条件下青菜的花期变晚，花瓣不能完全展开，花粉不能有效地扩散而落到柱头上。

2011 年，中国的神舟八号飞船上开展了中德空间生命科学专项的 17 项科学实验，其中包括 9 项空间植物学研究，涉及的植物品种包括水稻、拟南芥和藻类。

2016 年 4 月利用中国返回式卫星实践十号返回舱，进行了为期 12 天的拟南芥和水稻培养实验。

但是，由于缺少长期在轨实验的机会与条件，中国之前在太空进行的都是短期植物培养实验，还没有进行过从种子到种子的长期空间植物培养实验。

天宫二号上要做什么样的植物实验？

最近十多年来，建立月球或火星基地已成为空间探索的重要目标之一。世界各空间大国都以太空实验以及人类长期空间生活消费为目的，积极开展在太空培养或栽培植物的研究，了解在没有重力和完全封闭条件下植物生长发育等问题。尽管目前在太空已经进行了多次的植物生长实验，但是要在太空条件下成功地利用植物生产粮食与蔬菜等首先需要解决的包括重力在内的诸多与植物生长发育有关的环境因子影响问题。

地球上所有的生物都是在地球重力环境中进化而来的，其世代更替与繁衍等都是与地球环境相适应的。地球绕太阳公转和自转产生了季节更迭与昼夜变化的周期性节律变化。这种周期性变化在植物体内形成了稳固的内在系统，代代相传。地球上绝大多数植物的开花都与季节有关。已有研究证明，这主要是因为植物体内存在一套可以感知季节变化和昼夜交替的信号系统，也称为光周期反应。植物的这种有节奏的生长运动是其能够适应环境，得以生存与繁殖不可缺少的机制，但是目前人们对于其机理还了解甚少。

地球植物飞向太空后，昼夜不再是 24 小时的周期，也不再有四季的变化。例如，在国际空间站上每 24 小时有 16 次日出与日落。更重要的是，没有了重力，生活在其中的植物没有了上下方向。那么，植物的生长发育和代谢活动会有怎样的变化呢？其内在的遗传机制会怎样适应地球上从未有过的微重力新环境呢？国内外在空间已进行了多次的植物生长试验，但还并没有完全阐明微重力对植物生长发育的影响，尤其是对于微重力条件下开花的调控目前尚未见到报道。

针对粮食和蔬菜的空间种植问题，天宫二号中的实验选择了典型的粮食植物水稻和绿色高等十字花科模式植物拟南芥为研究对象，利用天宫二号空间实验室中的微重力环境来研究空间高等植物的种植问题及其解决办法。

科学家们希望通过太空实验来研究微重力条件下高等植物从种子到种子的生长发育规律，探索微重力条件下植物的光周期诱导开花规律与调控机理。

中国科学院上海生命科学研究院植物生理生态所研究员郑慧琼说，植物生长发育过程中最关键的变化是从幼苗生长到开花的转变，其受到环境和内部信号传导的调控，在微重力和节律变化复合环境下开展空间实验对弄清机理是新的探索。

科学家根据地球上高等植物受光周期诱导的两种典型反应途径（长日和短日诱导开花途径）以及关键的开花基因的作用机理，选择了长日植物拟南芥和短日植物水稻为研究样品，同时构建了绿色荧光标记开花基因的转基因植株，

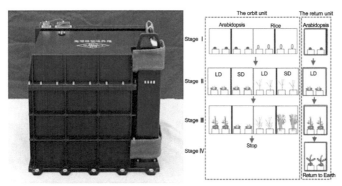

（a）高等植物培养实物箱照片　　　（b）空间高等植物培养实验示意图

图 4-27　高等植物培养箱

将通过实时的可见光和荧光图像技术观察微重力条件下拟南芥和水稻的种子萌发、幼苗生长和开花发育全过程，为解析微重力条件下高等植物形态建成，以及从种子萌发、营养生长向生殖生长转变过程的调控机理提供新的知识，对植物栽培和品种选育等都有重要意义。

天宫二号的部分拟南芥样品会随回收单元一起被航天员带回地球，为科学家了解空间微重力条件下高等植物种子发育与营养储藏物质的形成提供第一手材料。

郑慧琼介绍，实验系统包含 5 个单元，其中有 3 个拟南芥单元和 2 个水稻单元，拟南芥分为 3 个不同品种。如果种子正常发芽，将长出 6 棵水稻，约 30 棵拟南芥，其中有 3～6 棵拟南芥将在结出种子后被航天员带回地球。拟南芥的实验持续两个月左右，而水稻的实验持续三四个月至半年。

郑慧琼介绍说，植物从小长大，一开始长叶子，到一定阶段就开花了。植物开花就相当于人从幼年到成年，是怎么转变成的呢？为什么植物到一定程度就开花呢？这是由于植物的叶子中能产生"开花素"，"开花素"可以被转运到茎的顶端，引起开花，否则茎的顶端就一直长叶子。"在天宫二号的实验中，我们把'开花素'与绿色荧光蛋白融合在一起，我们要研究重微重力对于'开花素'的产生和运输是否产生影响。"

中国在 2016 年 4 月发射的实践十号返回式卫星上也开展了植物开花研究的实验。郑慧琼说，实践十号上的实验可以说是为天宫二号实验所做的储备。实践十号在天上的实验只有 12 天，不可能像在天宫二号上从种子萌芽生长开始。

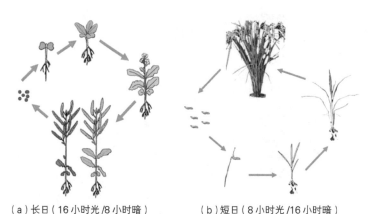

（a）长日（16小时光/8小时暗）　　　　（b）短日（8小时光/16小时暗）

图 4-28　拟南芥和水稻生长周期示意图

（a）拟南芥　　　　　　　　　　（b）水稻

图 4-29　拟南芥和水稻在高等植物培养箱中生长的实时可见光图像

所以在实践十号上，科学家通过吹 37℃ 的热风来启动"开花素"的开关。而在天宫二号上，植物是像在地面上一样靠自身启动来调控"开花素"基因的，这样就能更清楚地研究植物自身发育过程中，微重力对开花的影响。

天上种菜真的很难

郑慧琼说："太空上的植物实验非常难做，浇水就是一个大难题。在地球上有重力，水浇到花盆里就会下沉到底部，但是在太空里给植物浇水，水会飘着，水量也要反复研究。"

负责为天宫二号的实验研制植物培养箱的中国科学院上海技术物理研究所研究员张涛说："为期 6 个月的长周期空间密闭培养植物，在中国还是第一次。"

"这样长周期的植物太空培养技术我们还没有验证过。而且在国际空间站上的同类实验，宇航员经常能够介入实验，有时候生物学家会进入太空来操作实验。但我们在天宫二号上还做不到。我们现在能够做到的就是，生物学家需要的每个参数，比如光照、温度、湿度、营养液供给，我们都通过遥操作来调节。实验的温度范围为 17 ～ 28℃，湿度范围 60% ～ 100%。"张涛说。

他说："由于资源的制约，航天员能拿回地球的样品很有限。如何能在不拿回样品的情况下，又能让科学家开展研究呢？我们增加了很多监测手段，比如通过彩色图像来了解植物的生长状态，并通过荧光相机来监测开花基因表达的情况。"

他介绍，携带着水稻和拟南芥种子的天宫二号入轨数日之后，科学家从地面发出指令，实验装置就将营养液注入植物培养单元中，开启了实验进程。

张涛说，植物培养箱具有去除乙烯的功能。很多植物在成熟的过程中会释放出乙烯，这种气体能够催熟，但是它对植物生长是有害的。平时在地球上生长的植物，空气流动会稀释乙烯，但是在太空全气密的箱子中种植的植物，乙烯会越来越多，必须人工去除。

他说，国际空间站上开展的类似实验能够获得更充裕的资源，比如空间、功耗、营养液的供给等条件都宽松很多。而天宫二号上的资源有限，对于植物培养箱的重量有很大约束，箱子的设计是巨大的挑战。

在这个体积仅为 40 厘米 ×30 厘米 ×30 厘米、重量不到 20 千克的小箱子中，除了留出种植 30 多棵拟南芥和水稻的空间外，还安装了三台相机、两升培养液、两个风扇、四组泵以及非常复杂的管路。"研制人员最后安装管路的时候，操作的空间几乎都没有了。"张涛说。

去火星不仅可以种土豆

人类登上月球已经过去 40 多年，现在重返月球和登陆火星的梦想席卷全球。一些科学家不但绘制了月球基地和火星基地的蓝图，而且已经完成了选址。

郑慧琼说："我认为如果人类真的要去火星，在火星上种植粮食、蔬菜是不可缺少的。地球上 95% 的能量都是靠植物把太阳的能量固定下来，转换为化学能，人类、动物才能生存。《火星救援》中的男主角陷入了绝境，但当他看到土豆能够活着的时候，他就相信自己能够活下去。有了土豆，他就能把太阳能转化为支持他生存的能量。能够把太阳能转变成化学能的只有植物，所以在太空，只有把植物种好了，才能想去哪里就去哪里。"

她说，火星上如果条件具备，应该是能种土豆的，当然不能直接种植，还需要一个密闭系统，需要有二氧化碳和水。"如果我们现在能到火星上去研究，适应性强的蔬菜粮食都可以种，土豆是一种很好的选择，另外西红柿、黄瓜、青菜、水稻、小麦都可以种。"

如何建立以绿色高等植物为基础的空间密闭生态循环系统，为航天员长期的太空生活提供补给是一个浩大的综合工程。加强太空环境中植物生长发育研究，突破空间生命生态保障系统的技术瓶颈，构建人类地外长期生存的新天地，人类跨越天疆的梦想一定会在不远的将来成为现实。

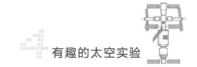

太空中的一只特别准的钟

　　没有钟摆，也没有秒针走路的嘀嗒声，一只"长相"完全不符合人们对钟的预期的圆柱体在 2016 年 9 月 15 日搭乘天宫二号空间实验室来到太空，成为人类历史上第一台在轨进行科学试验的空间冷原子钟。

　　和人们日常所见的钟表不同，这只钟是基于原子物理的原子钟。而又跟大部分的原子钟不同，这只钟应用的是更为先进的冷原子物理技术。

　　中国科学院上海光学精密机械研究所量子光学重点实验室主任刘亮介绍，如果说机械表 1 天差不多有 1 秒误差，石英表 10 天大概有 1 秒误差，氢原子钟数百万年有 1 秒误差，那么冷原子钟则可以做到 3000 万年到 3 亿年误差 1 秒。

图 4-30　宇宙之钟

这只钟为什么会走得那么准？秘诀就在于"高冷"二字。也就是，一方面得益于太空中天宫二号的"微重力"环境，另一方面则因为其自身的"冷"。

科学家介绍，在微重力环境下，原子团可以做超慢速匀速直线运动。基于对这种运动的精细测量可以获得较地面上更加精密的原子谱线信息，从而可以获得更高精度的原子钟信号，实现在地面上无法实现的性能，这是原子钟和时间基准发展历史上的一次重大突破。

此外，利用激光冷却技术，原子气体被冷却至极低的温度，极大地消除了原子热运动对原子钟性能的影响。

"就像你坐在房间里，虽然看不见原子或分子，但里面的原子或分子都在运动，运动就会产生热，便是热原子。冷原子技术则是用激光的方法将原子温度从室温降低到接近绝对零度。对这些几乎不动的原子进行测量，结果会更加准确。"刘亮说。

这样准的钟为什么一定要放到天上呢？

科学家解释，这是为了在太空中做一个高精度的时间基准。有了这个基准，就可以把天上的原子钟都同步起来，让它们变得更精准。

由于空间轨道与地球表面之间存在大气和电离层，地面高精度的时间基准信号与卫星或宇航器进行时间同步比对时会受大气多变状态的干扰，导致出现各种误差和不稳定性。

空间冷原子钟的在轨运行，则将在太空中建立超高精度的时间频率基准，对其他卫星上的星载原子钟进行无干扰的时间信号传递和校准，使得基于空间冷原子钟同步的全球卫星导航系统具有更加精确和稳定的运行能力。

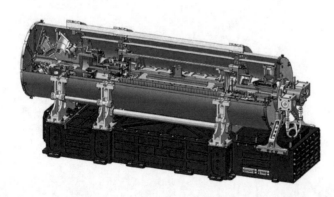

图 4-31　空间冷原子钟的组成

人类历史上第一台在轨进行科学试验的空间冷原子钟

由于高精度空间原子钟在计量学、守时、全球导航定位系统、基础物理等方面都有非常重大的科学研究和工程应用价值，国际上争相开展了空间高精度原子钟的研究计划，其中欧洲空间局（ESA）支持的 ACES 计划预计将于 2017 年发射。

中国科学院上海光学精密机械研究所王育竹院士领导的科研团队从 20 世纪 60 年代就开始了原子钟方面的研究，在 1971 ～ 1979 年，承担了"远望号"测量船上铷原子钟的研制任务，成功研制出中国第一台铷原子钟，为国家导弹发射、电离层测量、通信等领域做出了重要贡献。

国际空间时频计划开展情况

空间钟	ACES	SIOM-CACES
结构	PHARAO	
空间位置	国际空间站欧洲舱的外舱工作平台	天宫二号
运行时间	18 个月	12 个月
发射时间	2017 年	2016 年 9 月
工作介质	Cs	Rb
特点	·环形腔 ·地面微波连接	·环形腔 ·Rb 原子介质 ·折叠光路

当 70 年代末国际上激光冷却气体原子的概念刚刚提出时，王院士立刻认识到冷原子对原子钟的研究将产生革命性的影响，便率领团队开展激光冷却原子技术的研究。进入 21 世纪以后，随着实验室激光冷却技术的发展，王院士开始逐步推进冷原子铷钟和空间冷原子钟的可行性研究。

2007 年，在他的指导下，刘亮研究员领导的空间冷原子钟团队成立，于 2010 年完成了空间冷原子钟原理样机的研制和地面科学试验论证。2011 年，空间冷原子钟实验 CACES（Cold Atom Clock Experiment in Space）计划正式进入工程样机的设计与研制阶段。

2016 年，经过近 10 年的艰苦努力，中国第一台空间冷原子钟正样产品研制成功，在光、机、电、热、软件等方面通过了中国载人航天工程各类环模测试的检验，达到了满足火箭发射和空间在轨正常运行的要求，并于 2016 年 9 月随天宫二号载人航天飞行器发射升空。

这只钟可以用来做什么？

冷原子技术的发展使许多实验的精度大幅度提高，使原来不可能进行的实验成为可能。

科学家介绍，利用冷原子技术可以建造冷原子微波钟、冷原子光钟、冷原子干涉仪、冷原子陀螺仪等量子器件，其精度是以往经典器件不可能达到的。利用这些器件可以在物理学的最基础领域开展研究，从而使人类的知识得以扩展。以下则是利用空间冷原子钟突破的相关技术可以开展的前所未有的研究：

（1）深空导航定位。目前的卫星导航系统只能用于近地范围，未来有没有可能实现太阳系行星间的定位呢？

科学家说，若是能在空间合适的位置放置高精度原子钟，就可以实现大尺度的高精度导航。刘亮说，最合适的位置是太阳系中的各个拉格朗日点，因为这里不受引力的影响。若在这些点上各放置一台高精度原子钟，则至少可以在太阳系中较大范围内实现准确的定位。这个目标一旦实现，就可以进行大尺度的时空研究，如可以验证广义相对论在大尺度情况下是否成立等。

图 4–32　空间冷原子钟的一些应用

（2）利用空间冷原子钟探测暗物质。暗物质和暗能量是宇宙构成的最大的谜。刘亮说，暗物质可以改变时空，冷原子钟正是可以精确地测量时空，可以测出暗物质带来的时间和空间的变化。通过时钟在不同位置的时间测量，可以给出空间的暗物质分布等。

他说，"实际上，很多研究都是基于我们对于时空的测量。只要能探测到时空的变化，我们就能测出目前的方法感觉不到的东西。"

（3）利用空间冷原子钟测量引力红移。根据广义相对论，时间没有一个统一的概念，不同引力场里的，时间是不一样的。月球或者火星上的时间是不一样的。同样，天上引力场和地面引力场的时间也是不一样的。

"如果我们天上有一个原子钟，地面也有一个原子钟，都很准确，那么一比较就可以知道时间差多少了，然后利用这个时间差就可以测量引力红移，这也是我们的应用之一"刘亮说。

（4）利用空间冷原子干涉仪探测引力波。科学家说，用空间冷原子干涉仪取代空间激光干涉仪，可以实现在轨引力波探测。而且空间冷原子干涉仪只需要两颗卫星，并且技术难度和成本都降低了。

引力波的探测有各种方案。引力波作为一种波过来时，空间就会压缩，如果能探测到这种空间压缩的话，我们就知道引力波的存在了，刘亮说。

用光学干涉仪的方法探测引力波需要两个臂，这就意味着所有的方案都必须要有三个位置。现在中国的天琴计划和太极计划都需要三颗卫星。如果用原子干涉仪的话，我们用两颗卫星就可以探测到引力波了，同样的成本下，我们可以做得更好，刘亮介绍说。

从自然钟到光钟——人类对时间精度追求的历程

科学家认为，整个人类社会的发展史也是人类对时间精度追求的历史。

远古时期，人们利用天体的周期性运动来记录时间，日出而作，日落而息。这种通过观察太阳和月亮相对自己的位置等自然现象模糊定义的时间，可称之为自然钟。

随着古代文明的进步，人们逐渐发明了日晷、水钟、沙漏等计时装置，能够指示时间按等量间隔流逝，标志着人造时钟开始出现。

当钟摆等可长时间反复周期运动的振荡器出现后，人们把任何能产生确定振荡频率的装置称为时间频率标准，并以此为基础建立了真正可持续不断运转的时钟。如图 4-33 显示，14 ~ 19 世纪中叶的 500 年间，人们先采用古老的摆轮钟代替了自然钟（精度约为 10^{-2} 量级，误差约为 15 分钟 / 天），然后在钟摆装置的基础上逐渐发展出日益精密的机械钟表，使机械钟的计时精度达到基本满足人们日常计时需要的水平（精度最高达到 10^{-8} 量级，误差约为 1 秒 / 年）。

从 20 世纪 30 年代开始，随着晶体振荡器的发明，小型化、低能耗的石英晶体钟表代替了机械钟，广泛应用在电子计时器和其他各种计时领域。直到现在，它还是人们日常生活中使用的主要计时装置。

从 20 世纪 40 年代开始，现代科学技术特别是原子物理学和射电微波技术的蓬勃发展，科学家们利用原子超精细结构跃迁能级具有非常稳定的跃迁频率

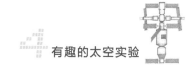

这一特点，发展出比晶体钟更高精度的原子钟。

1967 年第 13 届国际计量大会将时间"秒"进行了重新定义："1 秒为铯原子 (133Cs) 基态的两个超精细能级之间跃迁所对应的辐射的 9 192 631 770 个周期所持续的时间。"自从有了原子钟，人类计时的精度以几乎每十年提高一个数量级的速度飞速发展，20 世纪末达到了 10^{-14} 量级，即误差约为 1 秒 / 3000 万年。

近 30 年间，随着激光冷却原子技术的发展，利用激光冷却的原子而制造的冷原子钟使时间测量的精度进一步提高。目前冷原子喷泉钟的精度已经达到了 10^{-16} 量级，即误差 1 秒 /3 亿年。而采用更高工作频率的光钟，其最高精度可达 10^{-18} 量级，误差小于 1 秒 /50 亿年。

"未来可能会出现更加精准的原子核钟"刘亮说，"我们的终极目标是制造出在整个宇宙的生命周期内永远不会走偏的时钟。"

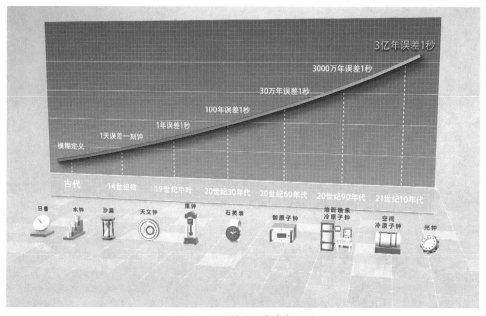

图 4-33　时钟的历史演变图例

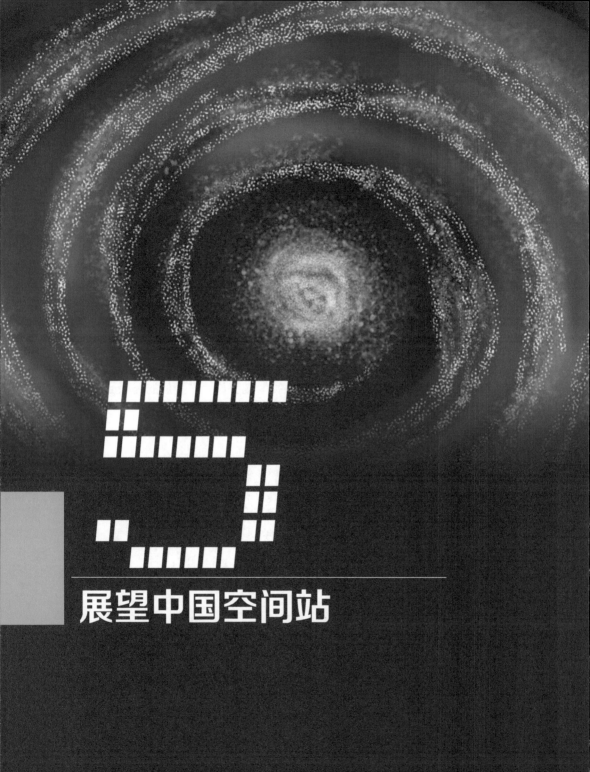

3

展望中国空间站

　　中国载人航天工程已经进入空间站阶段。这一阶段包括天宫二号空间实验室和空间站的建造运营。2016 年发射了天宫二号，并发射了神舟十一号飞船与之对接，接纳航天员乘员组较长时间的在轨驻留，并将在 2017 年与新研制的货运飞船天舟一号对接。之后，将于 2018～2022 年陆续发射空间站的核心舱和两个实验舱，对接成三舱段空间站组合体，并发射一个同轨飞行的光学舱，完成空间站的建造。在空间站建造期和至少 10 年的在轨寿命期，将发射多艘神舟飞船和天舟飞船与空间站对接，运输人员和物资，开展长期运营。

　　中国载人航天工程总设计师周建平说："空间站的神圣使命是成为太空中的中国国家实验室，支持科学家从事前沿科学探索、空间技术研究和空间资源的开发和利用。最终目的是为全人类造福。"一流的太空实验平台，将为科学家们取得世界级的重大突破提供保障。

　　周建平说，可以预计的是，在空间站里，涉及空间科学和应用的大部分研究都可以进行。另外，像空间天文、空间物理和空间环境研究，以及从太空对地球观测，对地球系统进行研究等，也都将成为可能。空间站的资源十分宝贵，经过科学家们慎重遴选，空间站上将搭载安装包括生物学、材料科学、基础物理、微重力、流体、燃烧等十余大类的科学研究实验设施。

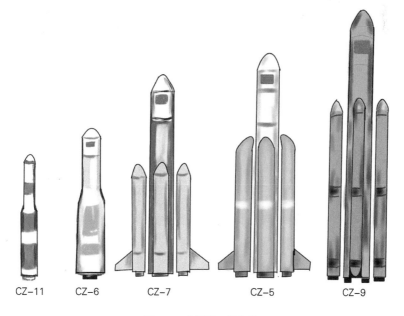

CZ-11　　CZ-6　　CZ-7　　CZ-5　　CZ-9

图 5-1　中国新一代火箭

中国空间站长什么样

　　周建平介绍，中国计划在 2020 年前后建成的空间站总体构型是三个舱段，包括一个核心舱和两个实验舱。每个舱都是 20 吨级，整体呈 T 字构型。核心舱有五个对接口，可以对接一艘货运飞船、两艘载人飞船和两个实验舱，另有一个供航天员出舱活动的出舱口。

　　空间站的轨道高度为 340 ～ 450 千米，设计使用寿命为 10 年。随着舱段的增加（最多会有 6 个舱段），航天员的数量可能从最初的 3 名增加到 6 名。

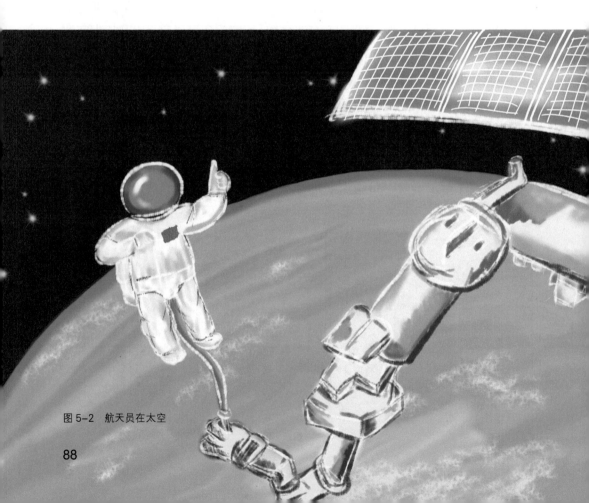

图 5-2　航天员在太空

　　"中国空间站是可以进一步扩展的。根据空间科学研究和应用的需要，可以对接更多的舱段。"周建平说。

　　中国空间站设计了完整的可再生生命保障系统。航天员呼出的水蒸气会通过冷凝水的方式回收，排泄的尿液也会回收净化，重新作为生活用水使用。电解制氧时产生的氢气与航天员呼出的二氧化碳，将通过化学反应重新生成氧气，这也降低了氧气的补给需求。

　　"中国空间站有两对'翅膀'——单翼翼展约 30 米的柔性太阳翼。它们与双轴对日定向机构、高效能锂离子电池等一起，构成了空间站先进、强大的电源系统。"周建平说，这个系统能够为空间站提供可靠、充足的不间断供电。

　　"目前地面上的太阳能光伏发电，太阳能到电能的转化率一般在百分之十几左右。空间站使用最新研发的太阳能光伏发电系统，转化效率可达 30% 以上。"周建平说。

　　"中国空间站有两类机械臂，长度累计达 15 米。通过人机配合让空间站建造维修成为可能。一名航天员在舱内操作机械臂，另一名航天员在舱外太空行走。无论是舱段转位、大设备的移动，还是航天员自身的移动，都可以通过机械臂完成。"周建平说。

　　建设空间站的背后是大型空间设施建造技术的巨大跨越。中国天舟货运飞船采用模块化设计，具有全密封货舱、半密封／半开放货舱、全开放货舱三种构型，可以把包括小型舱段在内的不同载荷运输上去，由航天员和机械臂将其装配到空间站上。这要求中国掌握大型空间设施的建造和运营管理技术，具备强大的维护维修升级能力。

　　往太空运送物资的成本非常高，载人航天的发展必须把经济性作为重大、优先的问题。"进行物资循环利用并提高物资循环利用率，是世界载人航天关注的重大技术挑战。"周建平说。

　　提高单位物质的效率是提高经济性的有效手段。中国空间站将采用电推进技术作为空间站轨道维持的动力装置，这将显著降低空间站运行期间的推进剂补给需求。中国也在研究下一代载人天地往返运输系统的发展思路，瞄准可重复使用的目标，以期进一步降低空间运输的成本，提高效益。

　　"中国空间站的研发，遵循了规模适度原则。这么大的工程，适度规模有利于控制工程成本，重点突出载人航天的特色，突出发挥人在太空中的作用。"周建平说。

中国最终要建设的基本型空间站的规模不会超过国际空间站，总重量在100吨以内。空间站可以允许若干个宇航员同时长期驻守太空。具备20吨以上运载能力的重型火箭才有资格发射核心舱。由于使用的火箭直径较大，无法通过铁路运输，所以采用海路运往海南航天发射中心发射。同时，海南航天发射场靠近赤道，也有利于增强火箭的运载能力。

"中国不是最早进入宇宙空间的国家。换一个角度理解，这样反而有后发优势。近年来，信息技术、新能源、自动化和人工智能技术的进步，将综合体现在中国空间站上。"周建平说。

中国的空间站是基于当代最新技术成果设计建造的，信息化程度更高、能力更强。"尤其在通信、网络、数据管理和应用等方面，我国的空间站都相当先进。这也得益于当代技术的发展和国家科技的进步。"周建平说。

目前，中国的航天员都是从现役空军飞行员当中选拔的，主要承担航天器驾驶任务。"空间站将开展太空科学实验，除了良好的身体素质这个共性要求外，未来需要不同类型的航天员，尤其是工程师和科学家。"周建平说。

这其中，一类是能够管理、维护、维修航天器的飞行工程师。设备出现了故障能修理，新技术出来以后能给航天器升级。这就需要从有相关教育背景和工作经历的人中选拔，经过大量训练，成为航天员。另一类是优秀科学家，到了太空以后，观察实验现象、分析结果、调整方案、设计新的实验方案，都需要科学家来完成。根据空间站的实验项目，选择有相关专业背景的科学家进行训练，也是未来航天员选拔的一个主要方向。

相关专家也表示，鉴于空间站任务对航天员的身心素质及专业知识要求更高，第三批航天员的来源将会与前两批有所不同。"从第三批开始，我们将从跟载人航天工程相关的研制部门选拔工程师，加入航天员的队伍中。"

图 5-3　航天员

中国科学家要去空间站上做哪些大事
——未来空间站的仿真设计

载人航天工程空间应用系统总指挥、中国科学院空间应用工程与技术中心主任高铭介绍说，空间站作为有人参与的大型长寿命空间研究设施，将开展大规模应用。空间站具有较充分的研究实验资源（载荷重量、电源供应、上下行信息传输），具备航天员参与、天地往返运输等有利条件，可以开展领域广泛和系列化的空间科学研究、具有特色的空间应用和技术试验，是推动中国空间科学与应用跨越发展的历史性机遇。

高铭说："经过空间科学与应用各领域发展战略研究、指南发布、征集项目建议和空间站应用规划委员会评审，我们制订了空间站空间科学与应用计划。有数百位专家参加了任务论证，规划力争具有国际视野、科学前瞻。"

据介绍，中国空间站空间科学与应用的总目标是：推动空间科学的一些重要领域进入世界前列，取得重大发现，使中国空间科学整体跨上新台阶；突破和掌握一批战略性空间应用新技术和关键核心技术，引领中国未来空间应用技术发展，取得显著的应用效果，为解决国家发展的迫切需求做出显著贡献。

高铭说，空间站空间科学与应用确定空间生命科学和生物技术、微重力流体物理与燃烧科学、空间材料科学、微重力基础物理、空间天文和天体物理、空间物理与空间环境、空间地球科学及应用、空间应用新技术试验8个领域，并提出了若干研究主题。

空间生命科学和生物技术

生命是最复杂的物质存在形式。通过开展地球各类生物在空间应激响应的机理研究深入认识了生命现象本质。促进生物技术向医疗健康和农林科技转化，

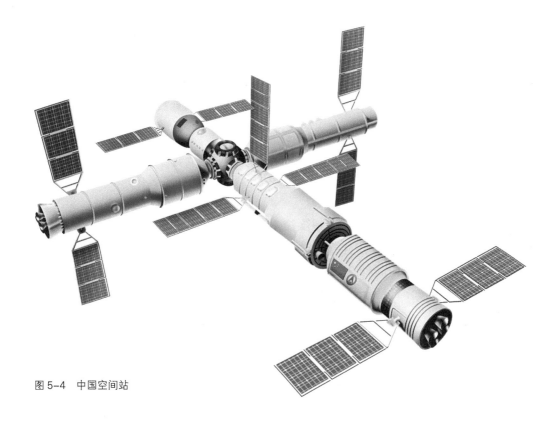

图 5-4　中国空间站

为解决人类长期的太空探索活动提供科学基础，同时探索与生命起源相关的前沿问题。主要研究方向包括空间（重力）基础生物学、辐射生物学、空间生物技术及其应用、空间生态生命保障系统基础研究、交叉和前沿探索研究（空间生物力学、亚磁生物学、与生命起源相关的分子生物学研究等）、探究地外生命和生命起源。

微重力流体物理与燃烧科学

　　微重力流体物理研究流动体系中在地面被重力掩盖的各种次级（分子力和热、质等驱动的）流体效应的特殊规律；微重力燃烧除复杂的流体过程外，还叠加了化学动力学过程。空间微重力条件下的研究为揭示其特殊规律开辟了一条有效的途径，对完善和验证相关理论模型有不可替代的作用。该领域研究对地面和空间的生产加工过程、流体管理、能源燃烧、动力推进、防火灭火等有重要指导作用。主要研究方向为流体动力学、复杂流体（胶体／泡沫／颗粒等离子体）、蒸发冷凝和两相系统、燃烧动力学中的本征参数等，并加强向产业和高技术的科技转化。

空间材料科学

材料是国民经济的基石，是高技术和高端制造业的基础，属于先决条件。在空间条件下进行材料研究是材料科学独特且具有代表性的重要研究途径之一。针对发展需求，空间材料科学以搞清材料形成机理、推动技术创新为重点，为建立我国新材料产业体系做出贡献。主要研究方向为微重力下材料生长动力学、战略需求和高价值材料制备研究、重要材料热物性测量、空间功能材料和智能材料使役行为研究。

微重力基础物理

微重力基础物理是微重力科学中的新兴重点领域，目的是通过精密的空间实验，检验现有物理理论，发现新的物理现象和物理规律，推动引力规范场理论、超引力、大统一理论、后粒子标准模型等新的物理理论发展。主要研究方向为超冷原子制备及其新奇量子现象研究、高精度空间时频技术及相关物理实验和应用、引力物理及等效原理检验、低温凝聚态物理等。

空间天文和天体物理

空间天文和天体物理研究紧密联系着基础物理和宇宙科学的重大问题。空间站瞄准了一黑（黑洞）、两暗（暗物质、暗能量）、三起源（宇宙起源演化、天体起源演化、地外生命起源）等前沿重大基础科学问题，争取推动对宇宙和物质世界认识的重大飞跃。重点研究方向为多色高精度测光与光谱巡天、高能宇宙线和暗物质粒子探测、天体变源和爆发现象探测研究（含太阳）、天文新技术及应用研究。

空间地球科学及应用

空间地球科学及应用发挥了空间站的特点，利用空间获取地球信息快捷、动态、真实和全球性等不可替代的优点，利用空间站非太阳同步轨道的特点开展特色研究，配合其他计划，为解决全球变化重大科学问题和资源环境等国家经济社会发展中急需解决的问题做出贡献。研究方向包括新型对地观测遥感器及应用、全球变化相关地球科学研究、环境资源和自然灾害监测与应用。

空间物理和空间环境

空间站轨道为中低纬低地球轨道，适于开展中低纬太阳－磁层－电离层链接关系研究。太阳是影响日地空间环境的主要源头，太阳耀斑和日冕物质抛射（CME）是太阳最剧烈的能量释放过程，对空间环境具有重大影响。空间站空间物理和空间环境领域的重点是保障空间站长期运行和航天员安全，开展空间环境预报和太阳爆发预报监测，并开展中低纬电离层结构、热层空间物理探测研究。

空间应用新技术

作为有人参与的近地空间平台，空间站在发展和验证新的空间应用技术方面有显著的优势。空间站将试验重要战略性应用技术，掌握并储备关键核心技术，引领创新。重点是新一代空间通信与信息技术、激光能量传输、微小卫星、空间 3D 打印、空间机器人和遥科学、新型结构机构、新型制冷和热控技术、空间应用元器件与组件试验等。

高铭介绍，中国空间站上的科学实验平台是以实验柜形式建立在密封舱内的专业精密科学实验室，通过更换实验单元或样品，可以开展系列化的空间科学实验。

实验柜的具体构成是这样的：

生命科学和生物技术领域有生命生态实验柜和生物技术实验柜两个实验柜。生命生态实验柜用于生物个体（植物、微生物、小型动物）、密闭生态系统实验，具有小型离心机进行比对实验。生物技术实验柜用于生物大分子、细胞、组织层次的生物样品和小型哺乳动物实验。这类实验柜具备生命支持保障能力和显微、荧光、光谱、CCD 摄像、气体成分等动态监测与精细观察设备，正在考虑小型基因测序装置的空间应用。

微重力流体物理与燃烧科学有通用流体实验柜、两相系统实验柜、燃烧科学实验柜三个实验柜。通用流体实验柜适用于各种透明体系实验和复杂流体实验；两相系统实验柜用于两相回路、相变和传热实验；燃烧科学实验柜适用于气体、液体（液滴）和固体燃烧实验。这类实验柜具有数字全息、高速 CCD、红外热像、PIV、热色液晶、动态光散射、流变、光谱、质谱等完整先进的测试诊断设备。

空间材料科学有高温材料实验柜和无容器材料实验柜两个实验柜。高温材料实验柜用于以安瓿结构封装的多类样品开展熔体生长、凝固实验等研究，最高温度可达 1600℃，提供梯度、等温、区熔多种温场，配备有 X 射线和光学诊断设备；无容器材料实验柜采用静电悬浮实现无容器加工，样品尺寸为 2～6 毫米，最高温度 2500℃以上，用于开展材料深过冷研究和热物性测量等。

微重力基础物理有超冷原子实验柜、高精度时频系统、高微重力实验柜三个实验柜。超冷原子实验柜采用光学势阱与光晶格囚禁的方式，利用空间微重力环境，实现在地面无法达到的 10^{-12} 开尔文量级的量子简并气体，开展新奇量子现象研究。高精度时频系统建立了由氢钟、冷原子钟和光钟组成的时－频系统以及激光和微波链路，日稳定度和不确定度约 10^{-18} 量级，开展精细结构常数变化和引力红移等基础物理研究和广泛应用。高微重力实验柜采用悬浮方式隔离微振动，通过悬浮随动、运动测量和控制提供比舱内环境高 2～3 个数量级的微重力水平，开展陀螺－加速度计新等效原理实验研究、冷原子干涉仪等效原理验证等精密基础物理实验。

此外，还有三个领域共用实验柜。科学手套箱与低温存储柜用于航天员在隔离密闭空间直接操作科学实验，配备了精细操作机械手，并提供4℃、−20℃、−80℃的低温存储条件。变重力实验柜用离心机模拟了0.01～2个重力加速度的不同重力实验环境，与微重力环境对比，实现了微重力与其他空间环境效应的分离。在线维修装调实验柜舱支持舱内科学实验和技术试验的精细机械结构和电子学装配、操作及试验验证，并提高了空间自主维修保障能力，具有6个自由度自动化机械操作支持能力。

外空暴露装置实验装置。在舱外安排的空间生物学暴露实验装置用于辐射生物学和极端环境生物学实验。空间材料暴露装置用于各种应用材料空间使役行为的研究。元器件暴露试验装置用于各种新品空间元器件在空间环境下的性能试验。

高铭说，空间站空间科学和应用任务的规模空前，研究水平要求高，关键技术难度大，参与单位数以百计，任务繁重艰巨。

"我们需要在已经建立的与欧洲太空局（ESA）、德国宇航中心（DLR）和俄罗斯联邦航天局（Roscosmos）等空间机构的合作意向和与若干国际组织建立的交流机制基础上，提高在国际组织和国际合作项目中的影响力和引导力，进一步开展好国际合作。"高铭说。

她说，载人航天工程是中国规模最大、投入最多、持续时间最长的国家重大科技专项。空间站是中国载人航天20余年发展成果和效益的集中体现。由于国际空间站计划运行到2024年，因此中国空间站可能成为2020年代中后期国际上唯一大规模应用的载人空间站，科学界期盼，国际关注。"我们的历史使命是将空间站建成国家级太空实验室，推动我国空间科学及应用实现跨越式发展。"

未来空间站的仿真设计

空间站的建设是中国空间科学应用和技术试验前所未有的机遇，届时将在空间站平台开展大规模、高水平的空间科学应用和技术试验，以获取具有重大科学价值的研究成果和重大战略意义的应用成果。

空间科学实验的开展，首先由各领域的科学家提出空间科学实验项目的需求。由于空间站资源有限，不可能同时开展所有项目，因此需要由应用系统总体牵头组织各领域专家对将这些项目进行甄选。之后，对立项通过科学实验进行整体规划，对水、气、电、液、信息等多方面的空间站平台资源进行管理分配,确定总体设计指标,再由分系统和承研单位对科学实验的载荷进行详细研制。

中国科学院空间应用工程与技术中心建设了空间应用系统并行设计与仿真验证平台,在科学任务整体规划和研制的过程中,提供并行设计和仿真优化的技术支持。根据空间科学任务的目标和应用系统的资源限制,对载荷的实验任务过程和载荷方案进行了总体参数设计优化,并在研制过程中对载荷模型提供了多学科仿真优化支持,目标是实现应用系统的整体任务效能最优,而不是单个实验项目的结果最优。

为提高效率,系统设计模式采用并行方式,包括总系统与分系统之间的并行设计、多个型号以及多个载荷设计过程的并行开展、多个学科之间的协同设计等。同时采用建模与仿真(M&S)作为系统验证及优化设计的技术手段,贯穿科学需求提出直至取得研究成果的整个阶段,应用系统总体从平台工具、技术手段、信息化流程等方面全面支持应用系统研制工作。

由于空间实验项目众多,研制流程复杂,并行设计与仿真验证系统采用了模型驱动系统工程(MBSE)方法,系统的设计、研制、验证、测试及运行管理阶段均围

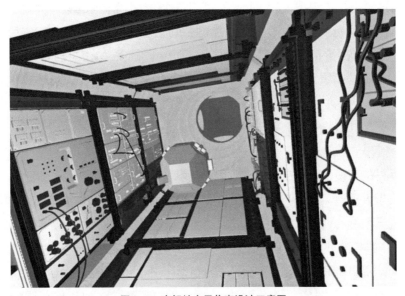

图 5-5　空间站应用仿真设计示意图

绕相关模型展开，以模型作为设计和交流的对象主体，并建立统一的模型仓库，对需求、任务、载荷模型等进行统一管理和维护，避免系统设计和交流中的二义性，同时提高设计和研发的效率。

研制人员结合了最新的 VR/AR 应用技术。载荷设计之前，通过 VR 虚拟场景直观了解在轨环境状况和载荷工作场景；设计过程中，借助 VR/AR 眼镜对数字化设计产品进行观察，促进多学科并行设计，在舱内环境设备上进行虚拟叠加验证，保证设备部件之间的配合，充分提高设计效率。在轨运行阶段，通过虚拟验证系统实时模拟相关载荷的在轨运行状态，载荷科学家借助镜像系统及 VR/AR 技术沉浸在虚拟的载荷系统环境中，以提高任务效率和可靠性。

而到了空间站发射升空后，中国科学院空间应用工程与技术中心就会通过虚拟验证系统实时模拟相关载荷的在轨运行状态，载荷科学家或宇航员借助镜像系统及 VR/AR 技术沉浸其中；地面镜像系统采用与空间站应用系统相同的结构拓扑，同步在轨应用系统的状态，支持对载荷操作过程进行预演验证、故障模拟预演与再现、后续载荷相容性验证和维修保障措施演练，以提高任务效率和可靠性。

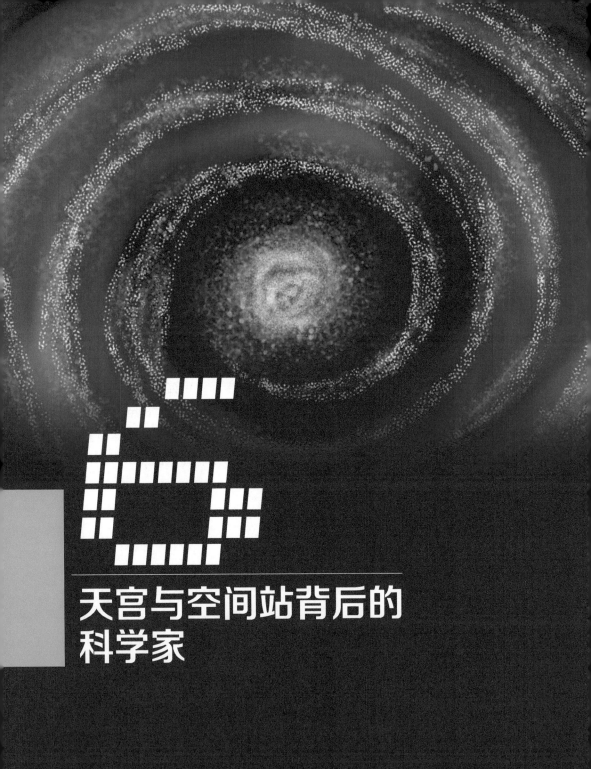

6

天宫与空间站背后的
科学家

寻找宇宙中的"没缺陷不常见"

背着大双肩背包挤地铁，喜欢就着咖啡吃油条的天体物理学家张双南，研究着黑洞为什么发脾气以及美女为什么那么美，有时也为引力波或者量子纠缠写写诗。

"因为很好玩呗。"这位 54 岁的中国科学院粒子天体物理重点实验室主任在描述自己的研究与爱好时笑得很顽皮。

张双南的科学研究是通过天文

图 6-1　张双南

观测和理论计算来理解中子星、黑洞、星系、星系团以及宇宙演化，同时也研制了空间天文仪器。他还力图从美的角度阐释科学，用科学的方法研究美。

张双南身兼天宫二号伽马暴偏振探测仪和硬 X 射线调制望远镜两个重要项目的首席科学家。伽马暴偏振探测仪已在 2016 年 9 月随天宫二号进入太空。他希望硬 X 射线调制望远镜也能成功发射，更好地揭示我们身处的这个神奇宇宙。

宇宙中充满意外

科学家们能够在银河系内发现一种脾气暴躁的黑洞要感谢医生。而实现这一跨界发现的正是张双南。

张双南 1962 年 12 月出生在河南确山县城的一个知识分子家庭。从小学到高中，他的学习成绩一直非常优秀。1984 年从清华大学毕业后，张双南考入了中国科学院高能物理研究所攻读硕士，他的指导老师是被誉为"中国居里夫人"的著名物理学家何泽慧院士和中国高能天体物理开创者之一的李惕碚院士。之后，他又到英国留学，博士毕业后到美国做博士后。

张双南在美国做博士后期间从事的是粒子物理研究。1992 年他到 NASA 工作后重返天体物理领域。由于他已经离开天文好几年了，他的项目负责人就先让他自己随便捣鼓点儿东西试试。

由于在这之前张双南还曾经申请过一家医院的工作，研究了医生是如何得到医学图像的。在 NASA，张双南"捣鼓"的结果是发明了"地球掩食成像"技术，使用医学成像的专业软件处理了天体观测数据，并且证明这个方法非常有效。1994 年，张双南以第一作者身份把这个图像处理方法的研究成果发表在权威学术刊物《自然》（Nature）上。"换一个行当的好处是，那个领域的人从来不这么做事情。"

不按常理出牌的张双南每天都用这个新方法分析伽马射线天文卫星的数据，做出了太空中伽马射线源的天图。"突然有一天，我发现天图上出现了一个新

图 6-2　不按常理出牌的张双南

的而且当时太空中最明亮的伽马射线天体，我感到极为震撼，立刻意识到这是一个重大发现。"张双南发现的是银河系内的第二个微类星体——一个 7 倍太阳质量、能产生喷流的"脾气暴躁"的黑洞。

"如果当初在美国我去了医院，现在工资可能非常高，哈哈。"其实当时张双南有很多工作选择，比如华尔街股票公司、石油公司、计算机公司，但他还是听从了博士后导师的建议，继续从事科学研究。

后来张双南和同事们又发现了几个黑洞双星系统，并获得了 NASA 颁发的"集体成就奖"。1997 年，张双南和另外两位华裔科学家崔伟、陈莞一起，提出了一个测量黑洞自转的方法，并首先测量了一批黑洞的自转，引起学术界的巨大兴趣。

有的黑洞自转，有的不自转，而以前科学家不知道如何测量。学术界现在用来测量黑洞自转的两个方法之一就是张双南发明的。2000 年，张双南又以第一作者的身份在美国的《科学》（Science）杂志上发表了黑洞研究的成果。

"黑洞本身不发光，要了解黑洞都是通过它周围物质的辐射来推断黑洞的行为，往往会有意外的发现。黑洞不是一下子就能搞清楚的，这是很大的挑战，也非常有趣，常常能带来惊喜，这是我喜欢研究黑洞的原因。"张双南说。

张双南本来想在 NASA 领导一个卫星项目，但是 NASA 不允许中国籍的科学家负责重要项目，而他又一直没有申请美国国籍。1998 年，张双南离开 NASA 到阿拉巴马大学工作。2002 年，他曾经的导师、中国科学院院士李惕碚希望他能回国帮助研制中国的第一枚空间望远镜——硬 X 射线调制望远镜，于是他便回国加入了李院士的团队。

硬 X 射线调制望远镜从论证到立项经历了曲折漫长的过程。10 多年来，张双南始终坚信肯定能够做成。现在，这枚卫星的研制工作已经结束即将发射，张双南说："感到压力非常大，都没有时间去激动，因为还有太多问题需要解决。"

张双南感到，这 10 多年来国内的科研环境变化非常大，经费数额增加很快。"去年我还非常担心我们的望远镜只有建造费用，没有运行经费和科研经费，而今年就完全不用担心了。空间科学在中国得到了更加广泛的支持，但遗憾的是中国还缺少一个政府层面的协调机构。"

"目前中国在天文等基础科学领域的发展很快，但我并不希望有爆发式的发展，科学研究需要人才队伍的积累，一步一步扎扎实实地走。爆发式的发展往往是跟风的，基础不一定扎实，最终并不一定有利于基础科学研究。稳定的长期支持是很重要的。"张双南说。

没缺陷、不常见

除了研究黑洞、中子星这些奇异的天体外，张双南也饶有兴趣地研究美学。他对美的研究比研制卫星的历史还要长。

20世纪80年代初中国改革开放伊始，国人逐渐意识到美学的重要性，开始公开讨论谁是最美的。"有人说邓丽君美，但有的人认为她不够美，我就在思考为什么。"张双南说。"美女、美食、美景，不同人的判断标准是不一样的，美学书里列举了很多美的事物，但是没有回答为什么同一样东西有人觉得美有人却觉得不美。学物理的人天生就喜欢刨根问底。我的根深蒂固的理念就是所有事物和现象背后都有规律，我就在想审美是否有规律。"

慢慢地，张双南总结出来美就是"没缺陷、不常见"。

"经常有很多人攻击我的理论。他们说，'哲学家2000多年没有解决的问题，你怎么可能用六个字来解答呢'。每次有人攻击我的理论，我就感到非常好玩。"

天体物理学家研究美学是如此与众不同。他把归纳、证实、证伪，以及逻辑化、定量化的科学方法都运用上了。"我的美学是可以写出公式做计算的，是计量美学，这样就可以有审美机器人啦。"

"我很认真地在想将来也许可以研制会审美的机器人。如果未来的机器人都不能区分美不美，就很无聊了呀。我相信这个审美机器人最终会有巨大的商业应用价值，包括选美、选配偶、艺术设计、建筑设计等，希望有人感兴趣投资这个项目。"张双南说。

"我们的人生就是审美的人生，如果不是为了审美，如果没有了希望，如果不是因为明天会比今天更美好，那我们还有什么理由活下去呢？人生的目标不就是为了有一个更美好的未来吗？"

张双南认为，技术创新的目的就是弥补原有技术的缺陷从而发明不常见，而科学创新的目的是修补原有理论的缺陷从而发现不常见，因此科技创新本质上就是对美的追求。同时，科学探索充满了意外，意外就是最大的不常见，这样的科学成果是最美的！

对没用的科学刨根问底

在繁忙的科研之余，张双南常常参与科普活动。在一些面向公众的讲座上，他从苏格拉底讲到爱因斯坦，从宇宙大爆炸讲到引力波，旁征博引、幽默诙谐地阐释"美的科学"和"科学的美"。

有人问他研究黑洞有什么用，他回答："我不知道，但是我想搞明白这个问题。科学的目的既不是造福于人类，也不是危害人类。科学的目的是刨根问底，也就是发现各种规律。"

"科学最初的大部分都是没有用的，但是现在对我们生活产生巨大影响的技术却都来源于那些当初'最没有用'的科学，因此现在'无用'的科学其实是最应该做的，但是由于'无用'，往往得不到支持，这种现象在中国表现得很突出，因为在中国还有很多人不了解什么是科学，误以为有用的才是科学。尽管我们希望中国最终成为世界上科学研究领先的国家，但是这需要极长的过程。"

"科学研究是发现新的规律、新的现象，每一次进步，科学家都是第一个知道的，当然也是第一个体会到科学之美的，这就是科学研究带给我的最大快乐。"张双南说。

"天文研究中最有趣的发现都是意外的，除了带领团队承担重大科学研究项目之外，我个人的科学研究就是想理解什么就做什么，我发表的大部分论文都是这么来的。有人批评我这样不能出重大成果，但是我就是喜欢这样，好玩啊！"

网上提问张双南"如果生命只剩下 60 秒，要留下的一句话是什么"，他回答："理解和试图理解这个世界、这个世界的组成以及在这个世界上生活的人类真的很好玩，我曾经乐此不疲，希望留下的你们也是如此。"

打造太空里最准的原子钟

图 6-3　刘亮

51 岁的科学家刘亮研究员花了十年的时间研究时间，却每天都觉得自己没有时间。

担任中国科学院上海光机所量子光学重点实验室主任的他几乎总是在出差，或者过着实验室和家"两点一线"的生活，节假日也鲜有业余时间，甚至"这些年的春节几乎都是在实验室过的"。

最近，他的追求终于有了阶段性成果：他牵头研制的冷原子钟随着天宫二号空间实验室被发射到太空，成为人类历史上第一台在轨进行科学实验的空间冷原子钟。

这是一台没有秒针、分针、时针且其貌不扬的黑色圆柱体，却能在太空中发射极为精准的时间频率基准。

刘亮每每提到这台自己带领团队用心血铸成的冷原子钟都充满激情："这是目前在太空运行的世界上性能最好的原子钟。如果说机械表 1 天差不多有 1 秒误差，石英表 1 天大概有 0.1 秒误差，氢原子钟数百万年有 1 秒误差，那么冷原子钟则可以做到 3000 万年到 3 亿年没有误差。"他说。

他介绍，太空有了这样一台原子钟之后，就有了更高精度的时间基准，可以同步所有其他原子钟，让导航定位系统更加精确，进行广义相对论验证，还可以发展一系列的基于冷原子技术的器件和装置，比如探测引力波的装置，进一步进行深空探测。

尽管时间是他最熟悉的事物，但提到"时间"这个词刘亮总是心生敬畏，认为时间是最不可理解的，是人们最熟悉也是最不熟悉的事物。"大家提到时间的时候很多，经常说几小时、几分钟、几秒钟，但谁也不知道时间是什么。"

"我们做的这些事情不过是测量时间，给时间定标，而不是研究时间的本质，"刘亮说。他希望通过他们的研究慢慢地可以更多地了解时间和空间。例如，时间究竟从什么时候开始的？空间有没有一个原点？时空有没有结构？时空需要量子化吗？……他一口气列举了一连串的问题。

一秒不差

刘亮手上戴着一块特殊的手表——电波表。这块表有自动对时功能，可以常年保持着精准的时间。

"这块表接收长波信号，每天晚上都会自动校准一次，与国家授时中心长波台发射的时间保持一致。"他说。

一秒不差的细节实则反映了这位致力于时间测量的科学家对时间精准的追求。"在日常生活中，我们做原子钟的人对时间都要求很精准，"刘亮说，"开会说 9 点钟，大家肯定是 9 点以前到，不会拖到 9 点零 1 分。项目要求什么时候完成，我们就什么时候完成，几天几夜不睡觉也得完成，这是必须的。"

而刘亮带领的这个约 30 个人的团队在研制冷原子钟过程中常常遇到的困难恰巧也是时间的期限。刘亮回忆最艰难的一次经历是在做初样的时候，信号总是出不来。"当时项目总体部门规定，如果信号比预定的时间晚一天出来，那么这个项目可能就要放弃了。"

"那时我们没日没夜地在实验室一样一样、一点儿一点儿地查，每一个部件都查过了，大年三十也在加班，终于在规定的最后一天把信号调出来了，"他说，"其实是一块儿小小的磁铁由于碰撞导致退磁引起的。"

归国求梦

刘亮在少年时期就表现出对科学的极大热情。15 岁上大学后，他就把物理学研究当作一生的追求，19 岁攻读硕士，师从我国著名量子光学专家王育竹院士。此后，他出国深造，在美国纽约州立大学石溪分校物理和天文系著名科学家梅特卡夫教授的指导下获得了博士学位。

2005 年年底，在中国科学院上海光学精密机械研究所和王育竹院士的极力引荐下，在美国已有所建树的刘亮回到曾经求学和工作的地方——量子光学重点实验室。

"王先生年龄大了，早年他建立了一个量子光学实验室，希望有人来帮助他做事情，王先生叫我回来，我就回来了。"刘亮说。他回国接替王先生做空间冷原子钟，一做便是十年。"对我来说，从事空间项目是一项巨大的挑战，"刘亮补充道，"空间项目完全颠覆了以往我从事基础研究积累的知识和经验，所以我是从头做起的，幸运的是我得到了单位领导的大力支持以及各位同事的密切配合。"

刘亮认为，回来参与这项研究正是赶上了好时代。"一方面，中国在科学技术上发展得很快。另一方面，我们还有一个得天独厚的优势，就是拥有自己的空间资源。"

他认为，中国即将在 2020 年左右建成的空间站为冷原子物理研究提供了难得的机遇，"因为我们的实验要依赖于微重力，所以空间站对我们来说几乎是最好的平台。"

没有最准、只有更准

空间冷原子钟被放置在天宫二号的密封舱中，而在距离该飞行器近 400 千米的地面，刘亮的团队无时无刻不在为这台钟忙碌着。

"不是说冷原子钟做好了放到太空一通电就可以直接使用了，而是需要每天做海量繁复的工作，"刘亮说，"激光要调到准确位置，才能把原子冷却下来抓住，再用激光把它推出去。然后还需要在合适的时间打开微波，在合适的时间关掉微波；在合适的时间打开激光，然后又要在合适的时间返回信号……这一切都需要不断调整。"

不过，对于不断追求"没有最准、只有更准"的科学家来说，现阶段的成果还远远不足以满足对科学的孜孜追求。

刘亮说，天宫二号是所有实验的第一步，未来空间站上还会放置一台氢钟、一台冷原子钟、一台光钟——三台原子钟结合起来的时间系统，在那个更大的系统里面可以做更多科学实验。

他介绍，未来的目标是在空间站上做两件事情：一是将空间冷原子物理实验做到更加冷，"我们将尝试冷到 10^{-12} 开尔文，这是人类在地面从未达到过的温度，只有利用空间微重力环境才有可能达到如此低的温度，是对基础物理学科的一次重要探索"；二则是将空间站上的时间频率系统做得更加精准，未来的目标是 10^{-18} 量级。

人类从开始计量时间起经历了很多阶段，从最简单的日出而作、日落而息到日晷、摆钟、石英钟，再到 20 世纪 60 年代的原子钟、80 年代的冷原子钟，刘亮细数道，"可能再过若干年就发展到光钟、甚至原子核钟了。"

"我们的终极目标是制造出在整个宇宙的生命周期内永远不会走偏 1 秒的时钟。"刘亮说。

在太空研究生命之美

图 6-4　纪家葵

留着偏分头、1米85的个子、俊朗的外表，清华大学医学院教授纪家葵操着一口流利的普通话。若不是他主动提起，别人会以为他是中国人，但其实他是马来西亚华裔，而且 2010 年以前从未来过中国。

过去的 20 年间，这位华裔科学家的科研工作几乎都是围绕干细胞和生殖发育展开的。2010 年，纪家葵离开了美国斯坦福大学副研究员的职位，受邀来到清华大学的医学院基础医学系，帮助建立了干细胞与再生医学研究中心，从此拉开了他在中国做科研的序幕。

结缘空间生命科学

能与空间生命科学结缘，让纪家葵倍感惊喜。2012 年，纪家葵收到参与中国第一艘货运飞船天舟一号的实验研究工作的邀约。"在太空里研究生命科学，可以发挥我的想象，还可以做一些很有创新性的实验。"纪家葵说。

天舟一号货运飞船将于 2017 年发射，随天舟一号一起上天的还有一批实验装置。纪家葵说，一开始全国各地提交了很多实验课题，经过层层筛选，最终确定了 8 个课题组参与。每个课题组都有自己的目标，纪家葵的实验团队主要是用人的胚胎干细胞分化成不同阶段的生殖细胞，研究在微重力下，人类的干细胞分化过程跟地面实验有什么不同，这一实验研究将是史无前例的。

此前，纪家葵的团队已经了解了在地表重力下人的胚胎干细胞体外分化的性质和机制的情况，但仅是体外分化这项工作就很艰难。

人的早期生殖细胞要等到胎儿发育到 6 周才可能收集到，且不说从真正的胎儿身上取样有多困难，即便能取样，由于样本发育时间不可能尽数相同，也会为实验带来很大的难度。为了能更好地服务于临床医学，纪家葵决定用人的胚胎干细胞分化模拟生殖细胞，在多年的辛苦实验后，他成功了。

现如今，纪家葵想了解：未来在太空长期居留的宇航员的生殖细胞会不会也需要经历地面这样的过程，微重力、高辐射的环境对于生殖细胞有什么影响？另外，在天舟一号上可能发现一些新的生物机制，比如在微重力下生物机制发生了什么变化？

在地面的对照试验完成后，实验团队发现，在分化两周之后，生殖细胞的分化已经形成。但提出的假说认为，微重力下这个过程可能滞后或者效率没有那么高，物理条件差距比较大的环境下，生殖细胞的行为和在装置中的性质有可能受到影响。

纪家葵说，设计这一实验要做大量的准备工作，也面临着不少挑战。受到天舟一号边界条件的限制，科学家需要将细胞植入一个微小的培养单元中做实验。那么问题来了，地面上的实验操作是人工的，而天舟一号上的操作是全自动的，即便是最常做的一个实验步骤也需要自动化。例如，更换培养液时，一般是人工把培养单元的盖子掀开，然后把培养液吸掉，再换上。这样的步骤在天舟一号上怎么实现呢？纪家葵介绍说，需要用一个自动换液装置，将旧的液体换出去，新的液体打进来。

另一个问题是如何很好地实时跟踪样本的变化？纪家葵说，只能依赖自动对焦的显微镜将细胞的变化记录下来，因为这次的样本是不返回的，不能回收样本再分析。目前的计划是隔一段时间拍一次照，照片从天舟一号发射回来，地面上直接分析，分析完成返回给科学家，看存在什么问题。

纪家葵说，这几年在地面上的研究有一定基础，更多需要考虑的是在装置上怎么配合实现自动化，现在与中国科学院上海技术物理研究所合作，研究根据各个实验的不同细胞类型去拍照，这就需要不断地调试、优化了。

一些不稳定因素也会对实验造成影响，比如细胞的厚度不同或是装置稍微震动都会影响显微镜的成像效果，因此需要优化自动对焦的精准度，将干扰降至最低。

"寻根"科学家

中国空间生命科学的研究虽然与世界先进水平仍然存在较大差距，但未来20年，中国将迎来空间生命科学的黄金期。按计划，2020～2032年，在中国空间站中将开展一系列空间生命科学实验研究，其研究样本包括微生物、植物和动物、细胞和组织；并将对分子、细胞和个体等多个生物学层次开展系统性基础研究。纪家葵非常庆幸自己可以参与这样的研究，他认为，2010年选择来到自己并不熟悉的中国是正确的选择。

尽管从祖辈就离开中国，但纪家葵觉得他的血管里还是流着中国人的血。为了学习最前沿的生命科学知识和技术，他在美国生活了近20年，但是仍然感到很难融入到美国的社会和文化中去，觉得自己文化的根在中国。纪家葵生活过的纽约是美国最为多元化的都市，那里有不同国家的移民，可以听到不同的语言，融合的环境仍然分为主流、非主流的社会。"作为一个科学家，我凭借自己的专业知识立足，感受不到太大的压力。但一些水平很高的华人终身教授要参与管理、决策，就变得很难，100个人中只有三四个华人在决策层，而且要非常优秀，才能帮华人科学家争取到一些更平等的科研机会。"纪家葵说。

2008年美国遭遇经济危机，不少大学的招聘职位在收缩，研究基金也在收缩，要成立自己的实验室异常困难。因此，纪家葵毫不隐藏他对中国科研环境的赞赏。"中国对于科学家的投入和支持更好。虽然一些外国科学家认为2010年时清华大学的很多研究条件还不完善，但两次面试跟年轻科学家交流后，我很欣赏科学家的思维和交流方式，我认为这里会有更好的发展。"纪家葵说。

纪家葵带领他的实验团队研究出了不少有影响力的科研成果，并发表在国际知名期刊上。他赞赏了国内办的学术期刊（如 *Cell Research*），水平在近年来迅速提升，影响力也节节升高。"除了科学家各自在自己领域打拼，发展本国的重要期刊，中国在科研上的话语权才会更强。"纪家葵说。

此次天舟一号上可以采集到的实验数据虽然有创新性，"但由于样本不返回，要发表在国际期刊上还需要积累更多的实验数据。"纪家葵说。

儿时的梦想

您对于在太空做实验怎么看？纪家葵听到这个问题时，严肃的脸上出现了一丝笑容。他说，太空探索对我来说是一个很自然的牵引力，小时候仰望星空有很多好奇，"太空科幻故事对小孩子很有吸引力，但想真正地做实验时，必须扎实地一步一步去做，我们之前在电影里看到的大都是想象的，与现实有很大的差距。"

在马来西亚出生、长大的纪家葵自幼就喜爱观察自然与生物，他说自己对于生命科学的初心缘起于初中。"那时的显微镜很简陋，观察一个变形虫的切片后，我会画在本子上，我觉得这个小小的生物体很美，我会详细画出它所有的结构。"纪家葵说，在画的时候，就在欣赏生命体的奇妙，"这对我来说是一种吸引，接下来，我继续追寻科学梦，开始学习生物化学，后来才进入发育生物学。先从理解生物中最简单的分子开始，再去了解核酸、碳水化合物这些大分子在我们生命中是怎么应用、运转起来的。逐渐变成研究细胞。我发现染色体和基因重组很有意思，因为看到地球上生物的多样性，就想知道从一个单细胞进化到我们人类，生物的多样性是从哪里来的？"

纪家葵还在上小学的时候，有一个患小儿麻痹症的二年级同学坐在他旁边。老师希望纪家葵照顾他。"他吃力地写每一个字，尽管肢体已经弯曲了，但是思维很清晰，当时我很同情他，就在思考能不能通过医学的手段去帮助他？"

多年后，纪家葵正在研究如何结合干细胞与基因治疗法去帮助患有遗传疾病的患者。

纪家葵说，他很想在空间站上做更多创新的实验，但是参与了天舟一号项目后才知道，有很多实验条件现阶段是达不到的。他说，因为空间站是从无到有的一个过程，只有从多方面配合才能做好，现代分子生物学、PCR 这类 DNA 扩增技术等，很多空间站目前还没实现。

近日，美国 NASA 宇航员凯特·鲁宾斯在国际空间站内成功完成了微重力条件下的 DNA 测序，这标志着人类已经迎来"能对太空活体生物进行基因测序"的全新时代。"这是很大的突破，以后中国的空间站相信也会有类似的设置。"纪家葵说。

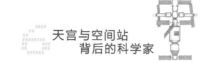
太空实验"大管家"炼成记

2016 年 9 月 15 日天宫二号空间实验室发射成功，标志着中国离空间站建设又前进了一大步，中国科学院空间应用工程与技术中心有效载荷运控专家郭丽丽像整个团队的工作者一样，在大屏幕前热泪盈眶。

作为有效载荷运控中心的主任，43 岁的郭丽丽知道她和运控中心团队的任务远没有结束，因为天宫二号空间实验室为开展十余项空间科学实验项目，携带了 51 件应用载荷，而运控中心要负责所有科学实验的在轨测试和长期运行管理，确保这些载荷有序、安全运行，科学实验顺利开展。

图 6-5　郭丽丽

太空实验"大管家"的艰巨任务

说起自己的工作，郭丽丽笑着说女儿都会抱怨搞不明白。郭丽丽说，"有效载荷"这个词一点儿也不神秘，它们就是航天器携带入轨的在空间完成特定任务的科学实验仪器、设备和装置。

由于每次航天应用任务开展科学研究的领域和科学目标都不尽相同，如天宫一号上主要开展对地观测研究，天宫二号上要开展空间材料研究、微重力流体实验、基础物理研究、对地观测与地球科学研究等，就意味着每个型号任务上天的载荷也不同，如何管理它们在太空里有序运行，就成了一个重大课题。

郭丽丽所在的有效载荷运行控制中心，是我国载人航天工程空间科学与空间应用任务唯一的地面运行管理中心。他们像太空实验大管家一样，要根据科学与应用需求，规划安排载荷的工作窗口，密切监视载荷在轨的健康状态，高效完成运控任务。

载人航天工程空间科学与应用有效载荷不同于传统的服务于气象、海洋的业务卫星，涉及的科学领域广，载荷类型多，应用需求差异大，载荷工作条件、工作约束各不相同，对资源的需求也不同，却共用了空间实验室平台资源。郭丽丽和她的团队所做的一项最重要的工作就是采集每项科学实验的需求，计算满足多种复杂约束的时间窗口，进行冲突消解和最优化的资源调配，形成高效、合理的载荷工作计划，并最终生成指令序列，控制载荷工作。在这个过程中，一个基于人工智能的任务规划系统就会起到非常关键的作用。

科学研究具有很多探索性和不确定性，空间科学实验需求会有较多变化。比如，空间冷原子钟作为首台在轨运行的高精度冷原子钟，设备对空间环境（如磁场、微重力水平）的敏感程度有许多未知因素，需要更多的天地信息交互来监测和调整各实验单元的参数；又如高等植物培养实验，在进行正式实验之前，种子要进行多次注液和浸泡，做到了什么程度，需要通过拍摄的视频下传到地面观察，然后再决定后续实验如何开展；再如液桥热毛细对流实验，首次建桥需要多次和分步精细控制，这就对实时天地交互和快速响应能力提出了要求。这些实验需求对地面任务支持系统提出了很高的要求。

让郭丽丽深感骄傲的是，团队设计、研制了一套遥科学实验系统，向远离空间实验的科学家提供了一种与地面实验室类似的身临其境的实验环境，可以采用远程亲临现场的方式支持科学家开展空间实验。这个系统可以几近真实地在地面实时复现空间科学实验的场景，在沉浸式虚拟环境中融合了多通道交互方式，通过仿真预测在一定程度上实现了延迟补偿，科学家可以一边观察实验现象，一边调整和优化实验参数，提高科学实验的效率和质量。当然，遥科学实验平台与科学家的知识、模型、地面理论计算分析的结果以及在轨试（实）验情况密切相关，后续需要研究和攻克的问题还很多。

在运控中心地面任务支持系统的八大系统中，除了任务规划系统、遥科学实验平台外，数据处理与分析系统也很重要，负责对航天器舱内的各项科学实验进行实时监控。比如，空间晶体生长得怎么样了？微重力下生物细胞培养状态如何？各种仪器设备的运行是否正常？等等。同时，也需要对载荷的健康状态及性能衰退进行分析和评估。

空间科学与应用任务是一项很复杂的系统工程，涉及了最初的项目遴选、论证到机械、电子、热控、软件的系统设计、设备研制以及各类测试试验。对于载荷工程师而言，设备在轨加电、在轨测试结束就算告一段落，但运控中心团队的工作才刚刚开始，要伴随有效载荷一直到其寿命末期。

团队合作铸就"飞天梦"

郭丽丽深知，对于运控中心而言，团队协作非常重要。因为运控中心的任务战线长、业务领域宽、技术方向多，协调线索多，如果没有一支能攻关、肯吃苦、有创新、善于协作的队伍，任务是无法出色完成的。郭丽丽说，"运控中心的团队文化是做团队最需要的人，在团队中追求卓越，我们团队的每个人在向这个方向努力，作为团队的一员，我无比荣幸"。

图 6-6　有效载荷运控中心研究团队

天宫二号空间实验室入轨以后，它从待机状态转入了大批量的实验状态，有效载荷和地面系统都会经历一个大的考验。为了顺利完成首次大批量在轨测试工作，团队的 26 名工作人员日夜值守在位于北京北郊的中国科学院新技术基地。研发人员确保任务支持系统不会出现任何问题，运管人员确保载荷计划和指令不会有任何失误。一旦需要应急支持，半小时内甚至更短时间内就要解决问题。

对于有效载荷运控中心团队的任务艰巨性，郭丽丽比任何人都清楚。"不但要做飞控设计、研制系统，还要做运行管理，战线非常长，多型号任务周期交迭。"郭丽丽说，"团队现在要同时支持多个型号任务，天宫二号属于运行管理阶段，天舟一号属于系统研制阶段，空间站属于方案设计和关键技术攻关阶段，实际上是相互交迭的一个过程，人员压力不可谓不大。"

"从运行管理角度来说，动态灵活性比较大，还经常要处理突发的应急救灾的任务，工作时间无法主观控制，不过幸好我们的任务支持系统自动化程度高，一般有一两个人值守就可以了；从系统研发角度来说，地面任务支持系统需要不断提升能力和水平，技术层次的多样性决定了很难依靠一项专业技术来突破难题，很多时候需要把多种专业学科交叉综合运用，挑战性不言而喻。"郭丽丽说。

运控中心的技术人员学历较高，大多数获得了博士和硕士学位。他们渐渐组合形成了若干学科团队，术业有专攻，在复杂任务智能规划、数据处理与挖掘分析、故障诊断与健康管理、虚拟现实与人机交互、软件架构设计以及硬件集成技术等方面，他们的专业水准是无可挑剔的。

爱岗敬业也爱家

43 岁的郭丽丽语速快但逻辑性很强。她把这归功于在西安交通大学的 3 年辅导员工作经历。计算机专业毕业的她曾经非常内向，但辅导员的工作锻炼了她的性格，提高了表达能力和组织能力。

在 2002 年踏入中国科学院空间应用工程与技术中心的大门前，郭丽丽对整个航天领域的了解都非常有限。2002 ～ 2007 年的五年间，郭丽丽凭借其计算机专业背景，在应用软件室做软件开发和测试工作，其后加入应用总体室。在总体室期间，郭丽丽认为自己的知识背景比较欠缺，必须尽全力去学习才有可能明白光学、机械、电子学、热设计等多个领域的知识，因此在工作中她一直全力以赴钻研学习。作为天宫一号空间应用系统的主任设计师，她圆满地完成了天宫一号应用任务，获得了"载人航天突出贡献"称号，并获军队科技进步二等奖一项。2012年中国科学院空间应用工程与技术中心内部机构优化调整时，她被任命为有效载荷运控中心的掌门人，又面临着新的业务和新的技术要求，她从不轻言放弃，毅然开始担负重任。

在日以继夜地工作中，她力求做到工作和家庭的平衡。从内心而言，她很顾家，因此她并不希望被树为"舍小家顾大家"的典型。在生活中，无论工作多忙，只要有时间她就会陪着女儿，一起玩K歌游戏、比赛做奥数题、谈论一切关于爱情和友情的话题。

"女儿来中心参观了几次，她非常支持、认同我的工作，并为我从事这么重要的工作感到骄傲。"郭丽丽一脸幸福地说。

工作虽然异常辛苦，但郭丽丽认为非常有意义和挑战。

图书在版编目（CIP）数据

筑梦天宫：从万户飞天到中国空间站／中国科学院空间
应用工程与技术中心，新华社对外部中国特稿社编著．
—北京：科学出版社，2016.11
ISBN 978-7-03-050307-7

Ⅰ.①筑… Ⅱ.①中… ②新… Ⅲ.①航天—技术史—中
国—普及读物 Ⅳ.①V4-092

中国版本图书馆CIP数据核字（2016）第255570号

责任编辑：朱萍萍　　侯俊琳／责任校对：张凤琴
责任印制：吴兆东／封面设计：有道文化
装帧设计：北京美光设计制版有限公司

*科学出版社*出版
北京东黄城根北街 16 号
邮政编码：100717
http://www.sciencep.com

北京虎彩文化传播有限公司印刷

科学出版社发行　各地新华书店经销

*

2016年11月第　一　版　　开本：720×1000　1/16
2024年 3 月第四次印刷　　印张：8
字数：120 000

定价：48.00元

（如有印装质量问题，我社负责调换）